※ 검토해 주신 분들

최현지 선생님 (서울자곡초등학교)
서채은 선생님 (EBS 수학 강사)
이소연 선생님 (L MATH 학원 원장)

한 권으로 초등수학 서술형 끝 ⑥

지은이 나소은 · 넥서스수학교육연구소
펴낸이 임상진
펴낸곳 (주)넥서스

초판 1쇄 발행 2020년 5월 29일
초판 2쇄 발행 2020년 6월 05일

출판신고 1992년 4월 3일 제311-2002-2호
10880 경기도 파주시 지목로 5
Tel (02)330-5500 Fax (02)330-5555

ISBN 979-11-6165-875-9 64410
       979-11-6165-869-8 (SET)

www.nexusbook.com
www.nexusEDU.kr/math

생각대로 술술 풀리는

#교과연계 #창의수학 #사고력수학 #스토리텔링

초등수학 한 권으로 서술형

 끝

나소은·넥서스수학교육연구소 지음

6

초등수학
3-2 과정

넥서스에듀

〈한 권으로 서술형 끝〉으로 끊임없는 나의 고민도 끝!

문제를 제대로 읽고 답을 했다고 생각했는데, 쓰다 보니 자꾸만 엉뚱한 답을 하게 돼요.

문제에서 어떠한 정보를 주고 있는지, 최종적으로 무엇을 구해야 하는지 정확하게 파악하는 단계별 훈련이 필요해요.

독서량은 많지만 논리 정연하게 답을 정리하기가 힘들어요.

독서를 통해 어휘력과 문장 이해력을 키웠다면, 생각을 직접 글로 써보는 연습을 해야 해요.

서술형 답을 어떤 것부터 써야 할지 모르겠어요.

문제에서 구하라는 것을 찾기 위해 어떤 조건을 이용하면 될지 짝을 지으면서 "A이므로 B임을 알 수 있다."의 서술 방식을 이용하면 답안 작성의 기본을 익힐 수 있어요.

시험에서 부분 점수를 자꾸 깎이는데요, 어떻게 해야 할까요?

직접 쓴 답안에서 어떤 문장을 꼭 써야 할지, 정답지에서 제공하고 있는 '채점 기준표'를 이용해서 꼼꼼하게 만점 맞기 훈련을 할 수 있어요.
만점은 물론, 창의력 + 사고력 향상도 기대하세요!

왜 〈한 권으로 서술형 끝〉으로 공부해야 할까요?

서술형 문제는 종합적인 사고 능력을 키우는 데 큰 역할을 합니다. 또한 배운 내용을 총체적으로 검증할 수 있는 유형으로 논리적 사고, 창의력, 표현력 등을 키울 수 있어 많은 선생님들이 학교 시험에서 다양한 서술형 문제를 통해 아이들을 훈련하고 계십니다. 부모님이나 선생님들을 위한 강의를 하다 보면, 학교에서 제일 어려운 시험이 서술형 평가라고 합니다. 어디서부터 어떻게 가르쳐야 할지, 논리력, 사고력과 연결되는 서술형은 어떤 책으로 시작해야 하는지 추천해 달라고 하십니다.

서술형 문제는 창의력과 사고력을 근간으로 만들어진 문제여서 아이들이 스스로 생각해보고 직접 문제에 대한 답을 찾아나갈 수 있는 과정을 훈련하도록 해야 합니다. 서술형 학습 훈련은 먼저 문제를 잘 읽고, 무엇을 풀이 과정 및 답으로 써야 하는지 이해하는 것이 핵심입니다. 그렇다면, 문제도 읽기 전에 힘들어하는 아이들을 위해, 서술형 문제를 완벽하게 풀 수 있도록 훈련하는 학습 과정에는 어떤 것이 있을까요?

문제에서 주어진 정보를 이해하고 단계별로 문제 풀이 및 답을 찾아가는 과정이 필요합니다.
먼저 주어진 정보를 찾고, 그 정보를 이용하여 수학 규칙이나 연산을 활용하여 답을 구해야 합니다.
서술형은 글로 직접 문제 풀이를 써내려 가면서 수학 개념을 이해하고 있는지 잘 정리하는 것이 핵심이어서 주어진 정보를 제대로 찾아 이해하는 것이 가장 중요합니다.

서술형 문제도 단계별로 훈련할 수 있음을 명심하세요! 이러한 과정을 손쉽게 해결할 수 있도록 교과서 내용을 연계하여 집필하였습니다. 자, 그럼 "한 권으로 서술형 끝" 시리즈를 통해 아이들의 창의력 및 사고력 향상을 위해 시작해 볼까요?

EBS 초등수학 강사 **나소은**

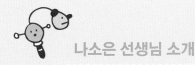

나소은 선생님 소개

- ◑ (주)아이눈 에듀 대표
- ◑ EBS 초등수학 강사
- ◑ 좋은책신사고 쎈닷컴 강사
- ◑ 아이스크림 홈런 수학 강사
- ◑ 천재교육 밀크티 초등 강사

- ◑ 교원, 대교, 푸르넷, 에듀왕 수학 강사
- ◑ Qook TV 초등 강사
- ◑ 방과후교육연구소 수학과 책임
- ◑ 행복한 학교(재) 수학과 책임
- ◑ 여성능력개발원 수학지도사 책임 강사

구성 및 특징

초등수학 서술형의 끝을 향해
여행을 떠나 볼까요?

STEP 1 대표 문제 맛보기

핵심유형 1
☆ (세 자리 수)×(한 자리 수)

STEP 1 대표 문제 맛보기

현진이는 가족과 외할머니 댁에 간다고 합니다. 차 안에서 함께 들을 노래를 저장해 가려고 할 때, USB 한 개는 285분 분량의 노래를 담을 수 있다고 합니다. 현진이가 준비한 USB가 2개라면 모두 몇 분 분량의 노래를 담을 수 있는지 풀이 과정을 쓰고, 답을 구하세요. (8점)

1단계 알고 있는 것 (1점) USB 한 개에 노래를 담을 수 있는 분량 : ☐ 분

2단계 구하려는 것 (1점) USB ☐ 개에 몇 분 분량의 ☐ 를 담을 수 있는지 구하려고 합니다.

3단계 문제 해결 방법 (2점) USB 한 개에 노래를 담을 수 있는 분량에 USB의 수를 (곱합니다 , 나눕니다).

4단계 문제 풀이 과정 (3점) (USB 2개에 노래를 담을 수 있는 분량)
= (USB 한 개에 노래를 담을 수 있는 분량)×(USB의 수)
= ☐ × ☐ = ☐ (분)

5단계 구하려는 답 (1점) 따라서 USB 2개에 모두 ☐ 분 분량의 노래를 담을 수 있습니다.

12

처음이니까 서술형 답을 어떻게 쓰는지 5단계로 정리해서 알려줄게요! 교과서에 수록된 핵심 유형을 맛볼 수 있어요.

'Step1'과 유사한 문제를 따라 풀어보면서 다시 한 번 익힐 수 있어요!

STEP 2 따라 풀어보기

STEP 2 따라 풀어보기
정답 및 풀이 · 3쪽

기현이네 학교에서 부산으로 기차를 타고 수학여행을 가려고 합니다. 기차 한 칸에 탈 수 있는 사람의 수는 148명이고 기현이네 학교에서 기차 4칸을 꽉 채워 이용한다고 할 때, 수학여행을 가는 사람은 모두 몇 명인지 풀이 과정을 쓰고, 답을 구하세요. (9점)

1단계 알고 있는 것 (1점) 기차 한 칸에 탈 수 있는 사람의 수 : ☐ 명
이용한 기차 칸의 수 : ☐ 칸

2단계 구하려는 것 (1점) 기현이네 학교에서 ☐ 을 가는 사람의 ☐ 를 구하려고 합니다.

3단계 문제 해결 방법 (2점) 기차 한 칸에 탈 수 있는 사람의 수에 이용하는 칸의 수를 (곱합니다 , 나눕니다).

4단계 문제 풀이 과정 (3점) 한 칸에 탈 수 있는 사람의 수는 ☐ 명이고, 모두 ☐ 칸을 이용하므로
(수학여행에 가는 사람의 수)
= (기차 한 칸에 탈 수 있는 사람의 수)×(칸의 수)
= ☐ × ☐
= ☐ (명)입니다.

5단계 구하려는 답 (3점)

곱셈 · 13

STEP 3 스스로 풀어보기

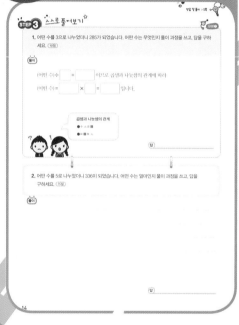

STEP 3 스스로 풀어보기
정답 및 풀이 · 3쪽

1. 어떤 수를 3으로 나누었더니 285가 되었습니다. 어떤 수는 무엇인지 풀이 과정을 쓰고, 답을 구하세요. (10점)

풀이

(어떤 수)÷ ☐ = ☐ 이므로 곱셈과 나눗셈의 관계에 따라
(어떤 수)= ☐ × ☐ 입니다.

곱셈과 나눗셈의 관계
● ■ ÷ ▲ = ●
● ■ = ● × ▲

답

2. 어떤 수를 5로 나누었더니 336이 되었습니다. 어떤 수는 얼마인지 풀이 과정을 쓰고, 답을 구하세요. (10점)

풀이

답

14

앞에서 학습한 핵심 유형을 생각하며 다시 연습해보고, 쌍둥이 문제로 따라 풀어보세요! 서술형 문제를 술술 생각대로 풀 수 있답니다.

창의 융합, 생활 수학, 스토리텔링, 유형 복합 문제 수록!

실력 다지기

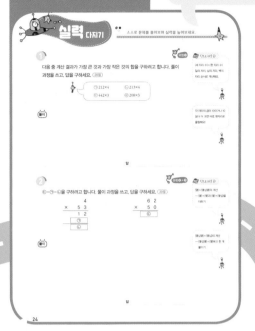

이제 실전이에요. 새 교육과정의 핵심인 '융합 인재 교육'에 알맞게 창의력, 사고력 문제들을 풀며 실력을 탄탄하게 다져보세요!

➕ 추가 콘텐츠

www.nexusEDU.kr/math

단원을 마무리하기 전에 넥서스에듀 홈페이지 및 QR코드를 통해 제공하는 '스페셜 유형'과 다양한 '추가 문제'로 부족한 부분을 보충하고 배운 것을 추가적으로 복습할 수 있어요.
또한, '무료 동영상 강의'를 통해 교과와 연계된 개념 정리와 해설 강의를 들을 수 있어요.

동영상 강의 추가 문제

QR코드를 찍으면 동영상 강의를 들을 수 있어요.

나만의 문제 만들기

서술형 문제를 거꾸로 풀어 보면 개념을 잘 이해했는지 확인할 수 있어요! '나만의 문제 만들기'를 풀면서 최종 실력을 체크하는 시간을 가져보세요!

정답 및 해설

자세한 답안과 단계별 부분 점수를 보고 채점해보세요! 어떤 부분이 부족한지 정확하게 파악하여 사고력, 논리력을 키울 수 있어요!

차례

5

들이와 무게

6

자료의 정리

1. 곱셈

핵심유형 1 ☆ (세 자리 수)×(한 자리 수)

STEP 1 대표 문제 맛보기

현진이는 가족과 외할머니 댁에 간다고 합니다. 차 안에서 함께 들을 노래를 저장해 가려고 할 때, USB 한 개는 295분 분량의 노래를 담을 수 있다고 합니다. 현진이가 준비한 USB가 2개라면 모두 몇 분 분량의 노래를 담을 수 있는지 풀이 과정을 쓰고, 답을 구하세요. (8점)

1단계 알고 있는 것 (1점)   USB 한 개에 노래를 담을 수 있는 분량 : ☐ 분

2단계 구하려는 것 (1점)   USB ☐ 개에 몇 분 분량의 ☐ 를 담을 수 있는지 구하려고 합니다.

3단계 문제 해결 방법 (2점)   USB 한 개에 노래를 담을 수 있는 분량에 USB의 수를 (곱합니다 , 나눕니다).

4단계 문제 풀이 과정 (3점)   (USB 2개에 노래를 담을 수 있는 분량)
= (USB 한 개에 노래를 담을 수 있는 분량)×(USB의 수)
= ☐ × ☐ = ☐ (분)

5단계 구하려는 답 (1점)   따라서 USB 2개에 모두 ☐ 분 분량의 노래를 담을 수 있습니다.

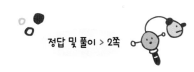

STEP 2 따라 풀어보기 ☆

기현이네 학교에서 부산으로 기차를 타고 수학여행을 가려고 합니다. 기차 한 칸에 탈 수 있는 사람의 수는 148명이고 기현이네 학교에서 기차 4칸을 꽉 채워 이용한다고 할 때, 수학여행을 가는 사람은 모두 몇 명인지 풀이 과정을 쓰고, 답을 구하세요. (9점)

1단계 알고 있는 것 (1점)

기차 한 칸에 탈 수 있는 사람의 수 : ☐ 명

이용한 기차 칸의 수 : ☐ 칸

2단계 구하려는 것 (1점)

기현이네 학교에서 ☐ 을 가는 사람의 ☐ 를 구하려고 합니다.

3단계 문제 해결 방법 (2점)

기차 한 칸에 탈 수 있는 사람의 수에 이용하는 칸의 수를 (곱합니다 , 나눕니다).

4단계 문제 풀이 과정 (3점)

한 칸에 탈 수 있는 사람의 수는 ☐ 명이고, 모두 ☐ 칸을 이용하므로

(수학여행에 가는 사람의 수)

= (기차 한 칸에 탈 수 있는 사람의 수) × (칸의 수)

= ☐ × ☐

= ☐ (명)입니다.

5단계 구하려는 답 (2점)

STEP 3 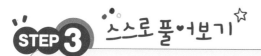 스스로 풀어보기

1. 어떤 수를 3으로 나누었더니 285가 되었습니다. 어떤 수는 무엇인지 풀이 과정을 쓰고, 답을 구하세요. [10점]

 풀이

(어떤 수)÷ ☐ = ☐ 이므로 곱셈과 나눗셈의 관계에 따라

(어떤 수)= ☐ × ☐ = ☐ 입니다.

곱셈과 나눗셈의 관계
● ÷ ▲ = ■
● = ■ × ▲

답 _____

2. 어떤 수를 5로 나누었더니 336이 되었습니다. 어떤 수는 무엇인지 풀이 과정을 쓰고, 답을 구하세요. [15점]

 풀이

답 _____

핵심유형 2

 (몇십)×(몇십), (몇십몇)×(몇십)

STEP 1 대표 문제 맛보기

한 마트에서 팔고 있는 달걀은 30개씩 40판입니다. 이 마트에서 팔고 있는 달걀은 모두 몇 개인지 풀이 과정을 쓰고, 답을 구하세요. (8점)

1단계 알고 있는 것 (1점)

팔고 있는 달걀의 수 : ☐ 개씩 ☐ 판

2단계 구하려는 것 (1점)

마트에서 팔고 있는 ☐ 의 수를 구하려고 합니다.

3단계 문제 해결 방법 (2점)

한 판에 들어 있는 달걀의 수에 달걀판의 수를

(곱합니다 , 나눕니다).

4단계 문제 풀이 과정 (3점)

(30개씩 40판의 달걀의 수)

= (한 판에 들어 있는 ☐ 의 수) × (달걀판의 수)

= ☐ × ☐ = ☐ (개)입니다.

5단계 구하려는 답 (1점)

따라서 이 마트에서 팔고 있는 달걀의 수는 ☐ 개입니다.

큰 톱니바퀴와 작은 톱니바퀴가 맞물려 돌아가고 있습니다. 큰 톱니바퀴가 1바퀴 돌 때, 작은 톱니바퀴는 17바퀴 돕니다. 큰 톱니바퀴가 20바퀴 돌 때, 작은 톱니바퀴는 몇 바퀴 도는지 풀이 과정을 쓰고, 답을 구하세요. (9점)

1단계 알고 있는 것 (1점)   큰 톱니바퀴가 [   ]바퀴 돌 때, 작은 톱니바퀴는 [   ]바퀴 돕니다.

2단계 구하려는 것 (1점)   큰 톱니바퀴가 [   ]바퀴 돌 때, 작은 톱니바퀴는 몇 바퀴 도는지 구하려고 합니다.

3단계 문제 해결 방법 (2점)   1바퀴의 [   ]배는 20바퀴입니다. 큰 톱니바퀴가 20바퀴 돌 때,

작은 톱니바퀴는 17바퀴의 [   ]배를 돕니다.

4단계 문제 풀이 과정 (3점)   1바퀴의 [   ]배가 20바퀴이므로 17바퀴의 [   ]배는

$17 \times$ [   ] $=$ [   ] (바퀴)입니다.

5단계 구하려는 답 (2점)

123

이것만 알면
문제 해결 OK!

♣ (두 자리 수)×(두 자리 수)

☆ (몇십)×(몇십) : (몇)×(몇)에 0을 2개 붙입니다.

0이 2개

20×30=600

2×3=6

☆ (몇십몇)×(몇십) : (몇십몇)×(몇)에 0을 1개 붙입니다.

0이 1개

23×30=690

23×3=69

STEP 3 스스로 풀어보기

유형 ❷

1. 다음 중 계산 결과가 가장 큰 것을 기호로 쓰려고 합니다. 풀이 과정을 쓰고, 답을 구하세요. (10점)

ㄱ 40×50   ㄴ 45×30   ㄷ 54×30   ㄹ 80×20

 풀이

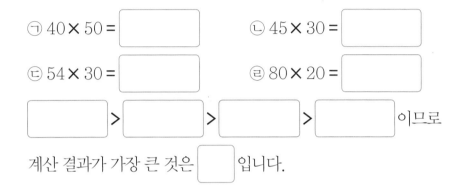

ㄱ $40 \times 50 =$ ☐   ㄴ $45 \times 30 =$ ☐

ㄷ $54 \times 30 =$ ☐   ㄹ $80 \times 20 =$ ☐

☐ > ☐ > ☐ > ☐ 이므로

계산 결과가 가장 큰 것은 ☐ 입니다.

답 _____

2. 다음 중 계산 결과가 가장 작은 것을 기호로 쓰려고 합니다. 풀이 과정을 쓰고, 답을 구하세요. (15점)

ㄱ 62×30   ㄴ 50×35   ㄷ 43×40   ㄹ 60×30

풀이

답 _____

☆ (몇)x(몇십몇)

STEP 1 대표 문제 맛보기

수진이는 한 사람에게 사탕을 4개씩 26명에게 나누어 주었습니다. 나누어 준 사탕은 모두 몇 개인지 풀이 과정을 쓰고, 답을 구하세요. (8점)

1단계 알고 있는 것 (1점)

한 사람에게 준 사탕의 수 : ☐ 개

나누어 준 사람의 수 : ☐ 명

2단계 구하려는 것 (1점)

나누어 준 ☐ 은 모두 몇 개인지 구하려고 합니다.

3단계 문제 해결 방법 (2점)

한 사람에게 준 사탕의 수와 나누어 준 사람의 수를

(곱합니다 , 나눕니다).

4단계 문제 풀이 과정 (3점)

사탕을 ☐ 개씩 ☐ 명에게 나누어 주었으므로

(사탕의 수)

= (한 사람에게 나누어 준 ☐ 의 수) × (나누어 준 ☐ 의 수)

= ☐ × ☐ = ☐ (개)입니다.

5단계 구하려는 답 (1점)

따라서 나누어 준 사탕의 수는 ☐ 개입니다.

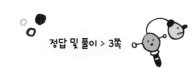

STEP 2 따라 풀어보기 ☆

곳감을 한 상자에 8개씩 넣어 33개의 상자를 포장하였다면 포장한 곳감의 수는 모두
몇 개인지 풀이 과정을 쓰고, 답을 구하세요. (9점)

1단계 알고 있는 것 (1점)

한 상자에 넣은 곳감의 수 : ☐ 개

포장한 상자의 수 : ☐ 개

2단계 구하려는 것 (1점)

포장한 ☐ 의 수는 모두 몇 개인지 구하려고 합니다.

3단계 문제 해결 방법 (2점)

한 상자에 넣은 곳감의 수와 포장한 상자의 수를
(곱합니다 , 나눕니다).

4단계 문제 풀이 과정 (3점)

한 상자에 곳감을 ☐ 개씩 넣어 ☐ 개의 상자를 포장하였으므로

(포장한 곳감의 수)

= (한 상자에 넣은 곳감의 수) × (포장한 상자의 수)

= ☐ × ☐

= ☐ (개)입니다.

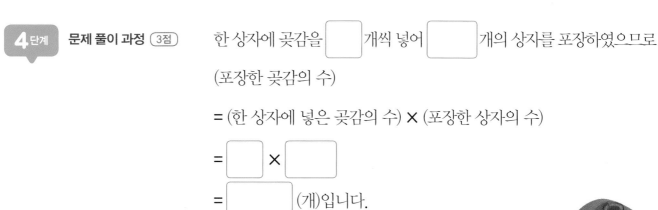

5단계 구하려는 답 (2점)

STEP 3 스스로 풀어보기 ☆

1. 수수깡은 한 봉지에 7개씩 23봉지가 있고, 클립은 한 봉지에 8개씩 22봉지가 있습니다.

어느 것이 몇 개 더 많은지 풀이 과정을 쓰고, 답을 구하세요. (10점)

풀이

(수수깡의 수) = 7 × ☐ = ☐ (개)이고

(클립의 수) = 8 × ☐ = ☐ (개)입니다.

☐ > ☐ 이므로 (클립 , 수수깡) 이 ☐ － ☐ = ☐ (개)

더 많습니다.

답 _____

2. ㉠과 ㉡의 차를 구하려고 합니다. 풀이 과정을 쓰고, 답을 구하세요. (15점)

3×96=㉠   4×78=㉡

풀이

답 _____

☆ (몇십몇)×(몇십몇)

정답 및 풀이 > 4쪽

STEP 1 대표 문제 맛보기

지영이네 학교 학생들이 운동장에 줄을 서면 18명씩 24줄이고, 민수네 학교 학생들이 운동장에 줄을 서면 19명씩 22줄입니다. 어느 학교의 학생 수가 몇 명 더 많은지 풀이 과정을 쓰고, 답을 구하세요. (8점)

1단계 알고 있는 것 (1점)

지영이네 학교의 학생 수 : ☐ 명씩 ☐ 줄

민수네 학교의 학생 수 : ☐ 명씩 ☐ 줄

2단계 구하려는 것 (1점)

어느 학교의 ☐ 수가 몇 명 더 많은지 구하려고 합니다.

3단계 문제 해결 방법 (2점)

각 학교의 학생 수는 한 줄에 서 있는 ☐ 수에 줄의 수를 (곱합니다 , 나눕니다).

4단계 문제 풀이 과정 (3점)

각 학교의 학생 수는 (한 줄에 서 있는 학생 수) × (줄의 수)입니다.

(지영이네 학교의 학생 수) = ☐ × ☐ = ☐ (명)이고

(민수네 학교의 학생 수) = ☐ × ☐ = ☐ (명)입니다.

☐ > ☐ 이므로 ☐ − ☐ = ☐ 입니다.

5단계 구하려는 답 (1점)

따라서 지영이네 학교 학생 수가 ☐ 명 더 많습니다.

(가)와 (나)의 차를 구하려고 합니다. 풀이 과정을 쓰고, 답을 구하세요. [9점]

(가) : 28×34   (나) : 42×18

1단계 알고 있는 것 [1점]   (가) : ☐ × 34   (나) : 42× ☐

2단계 구하려는 것 [1점]   (가)와 (나)의 (합 , 차)을(를) 구하려고 합니다.

3단계 문제 해결 방법 [2점]   (가)와 (나)의 (곱 , 몫)을 구한 후 계산 결과의 (합 , 차)을(를) 구합니다.

4단계 문제 풀이 과정 [3점]   (가) : 28 × 34 = ☐ 이고, (나) : 42 × 18 = ☐ 입니다.

☐ > ☐ 이므로 ☐ − ☐ = ☐

입니다.

5단계 구하려는 답 [2점]

이것만 알면
문제 해결 OK!

 (몇십몇)×(몇십몇)

```
    1 7
  × 2 5
```
→
```
    3
    1 7
  × 2 5
  ───────
    8 5
```
→
```
    3
    1 7
  × 2 5
  ───────
    8 5
  3 4 0
```
→
```
    3
    1 7
  × 2 5
  ───────
    8 5
  3 4 0
  ───────
  4 2 5
```

 STEP 3 스스로 풀어보기 ☆

 유형4

1. 다음 수 카드를 한 번씩 사용하여 '(두 자리 수)×(두 자리 수)'를 만들었을 때, 계산 결과가 가장 큰 값을 구하려고 합니다. 풀이 과정을 쓰고, 답을 구하세요. (10점)

| 3 | 5 | 1 | 2 |

풀이

1 < ☐ < 3 < ☐ 이고 계산 결과가 가장 크려면 ☐ 와 ☐ 을 두 자리 수의

(십 , 일)의 자리에 각각 놓습니다. 만들 수 있는 곱셈식은

☐ × 32 = 32 × ☐ = ☐ ,

☐ × 31 = 31 × ☐ = ☐ 이므로

계산 결과가 가장 클 때의 곱은 ☐ 입니다.

답 _____

2. 다음 수 카드를 한 번씩 사용하여 '(두 자리 수)×(두 자리 수)'를 만들었을 때, 계산 결과가 가장 큰 값을 구하려고 합니다. 풀이 과정을 쓰고, 답을 구하세요. (15점)

| 4 | 6 | 3 | 7 |

풀이

답 _____

실력 다지기

스스로 문제를 풀어보며 실력을 높여보세요.

1

다음 중 계산 결과가 가장 큰 것과 가장 작은 것의 합을 구하려고 합니다. 풀이 과정을 쓰고, 답을 구하세요. (20점)

> ㉠ 212×4 ㉡ 213×4
> ㉢ 442×3 ㉣ 208×3

(세 자리 수)×(한 자리 수) 일의 자리, 십의 자리, 백의 자리 순서로 계산해요.

각 자리의 곱이 10이거나 10 보다 더 크면 바로 윗자리로 올림해요!

풀이

답

2

㉢−㉠−㉡을 구하려고 합니다. 풀이 과정을 쓰고, 답을 구하세요. (20점)

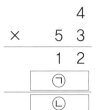

$$\begin{array}{r} 4 \\ \times\ 5\ 3 \\ \hline 1\ 2 \\ \boxed{㉠} \\ \hline \boxed{㉡} \end{array}$$

$$\begin{array}{r} 6\ 2 \\ \times\ 5\ 0 \\ \hline \boxed{㉢} \end{array}$$

(몇)×(몇십몇)의 계산
→ (몇)×(몇)과 (몇)×(몇십)을 더하기

(몇십몇)×(몇십)의 계산
→ (몇십몇)×(몇)에 0 한 개 붙이기

풀이

답

24

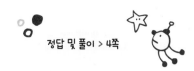

3   창의융합

△는 ○보다 1만큼 더 큰 수이고 □는 △보다 6만큼 더 큰 수입니다. ○가 자연수 중 가장 작은 짝수일 때, □△○×□의 값을 구하려고 합니다. 풀이 과정을 쓰고, 답을 구하세요. (20점)

힌트로 해결 끝!
가장 먼저 ○를 구해요.

자연수는 1부터 시작해서 하나씩 더하여 얻는 수입니다.
예) 1, 2, 3, ……

풀이

답 _____

4 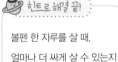 생활수학

900원짜리 볼펜을 846원에 파는 문구점이 있습니다. 볼펜 몇 자루를 샀더니 원래 가격보다 486원 더 싸게 살 수 있었습니다. 볼펜 값으로 지불한 금액은 얼마인지 풀이 과정을 쓰고, 답을 구하세요. (20점)

힌트로 해결 끝!
볼펜 한 자루를 살 때, 얼마나 더 싸게 살 수 있는지 구해요.

풀이

답 _____

1 곱셈 · **25**

나만의 문제 만들기

거꾸로 풀며 나만의 문제를 완성해 보세요.

모를 때 찍어봐!

navigation정답 및 풀이 > 5쪽

다음은 주어진 낱말과 조건을 활용해서 만든 문제를 보고 풀이 과정과 답을 구한 것입니다.
어떤 문제였을까요? 거꾸로 문제 만들기, 도전해 볼까요? 15점

낱말 374권, 4칸

조건 (세 자리 수)×(한 자리 수) 문제 만들기

★힌트★
374와 4를 곱하는 문제를 만들어요

문제

풀이

필요한 책의 수는 한 칸에 꽂을 책의 수에 칸의 수를 곱합니다.

374×4=1496이므로 필요한 책의 수는 모두 1496권입니다.

답   1496권

2. 나눗셈

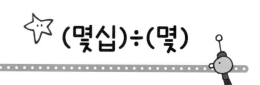

☆ (몇십)÷(몇)

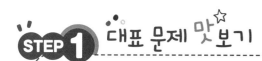 **대표 문제 맛보기**

다음 중 몫이 서로 같은 것을 찾아 기호로 나타내려고 합니다. 풀이 과정을 쓰고, 답을 구하세요. (8점)

| ㉠ 75÷5 | ㉡ 60÷5 | ㉢ 80÷5 | ㉣ 90÷6 |

1단계 알고 있는 것 (1점)

㉠ [ ] ÷ 5 ㉡ [ ] ÷ 5 ㉢ 80 ÷ [ ] ㉣ 90 ÷ [ ]

2단계 구하려는 것 (1점)

[ ] 이 서로 (같은 , 다른) 것을 찾아 기호로 나타내려고 합니다.

3단계 문제 해결 방법 (2점)

내림이 있는 나눗셈의 몫을 구해 몫이 (같은 , 다른) 것을 찾습니다.

4단계 문제 풀이 과정 (3점)

㉠ [ ] ÷ 5 = [ ] , ㉡ [ ] ÷ 5 = [ ] ,

㉢ 80 ÷ [ ] = [ ] , ㉣ 90 ÷ [ ] = [ ] 입니다.

5단계 구하려는 답 (1점)

따라서 몫이 같은 것은 [ ] 과 [ ] 입니다.

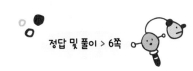

STEP 2 따라 풀어보기 ☆

다음 중 몫이 가장 큰 것을 찾아 기호로 나타내려고 합니다. 풀이 과정을 쓰고, 답을 구하세요. (9점)

㉠ $70 \div 2$ ㉡ $50 \div 2$ ㉢ $70 \div 5$ ㉣ $90 \div 5$

1단계 알고 있는 것 (1점)
㉠ ☐ ÷ 2   ㉡ ☐ ÷ 2   ㉢ 70 ÷ ☐   ㉣ 90 ÷ ☐

2단계 구하려는 것 (1점)
☐ 이 가장 (큰 , 작은) 것을 찾아 기호로 나타내려고 합니다.

3단계 문제 해결 방법 (2점)
내림이 있는 나눗셈의 몫을 구해 몫이 가장 (큰 , 작은) 것을 찾습니다.

4단계 문제 풀이 과정 (3점)
㉠ ☐ ÷ 2 = ☐ , ㉡ ☐ ÷ 2 = ☐ ,
㉢ 70 ÷ ☐ = ☐ , ㉣ 90 ÷ ☐ = ☐ 이므로
☐ > ☐ > 18 > ☐ 입니다.

5단계 구하려는 답 (2점)

123 이것만 알면 문제해결 OK!

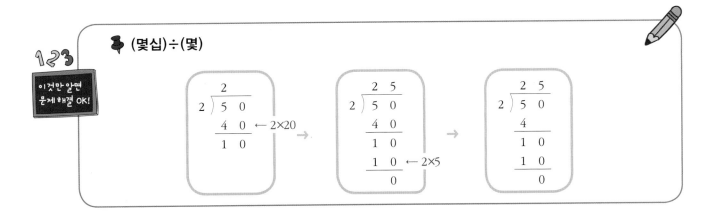

(몇십)÷(몇)

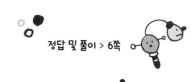

STEP 3 스스로 풀어보기 ☆

1. 100권의 공책 중 7권씩 4묶음을 사용하고 남은 공책을 6명이 똑같이 나누어 가지려고 합니다. 한 사람이 가질 수 있는 공책은 몇 권인지 풀이 과정을 쓰고, 답을 구하세요. (10점)

풀이

7권씩 4묶음은 7 × 4 = ☐ (권)이므로 사용하고 남은 공책의 수는

100 − ☐ = ☐ (권)입니다. 따라서 남은 ☐ 권을 6명이 똑같이 나누어 가지면

한 사람이 가질 수 있는 공책은 ☐ ÷ 6 = ☐ (권)입니다.

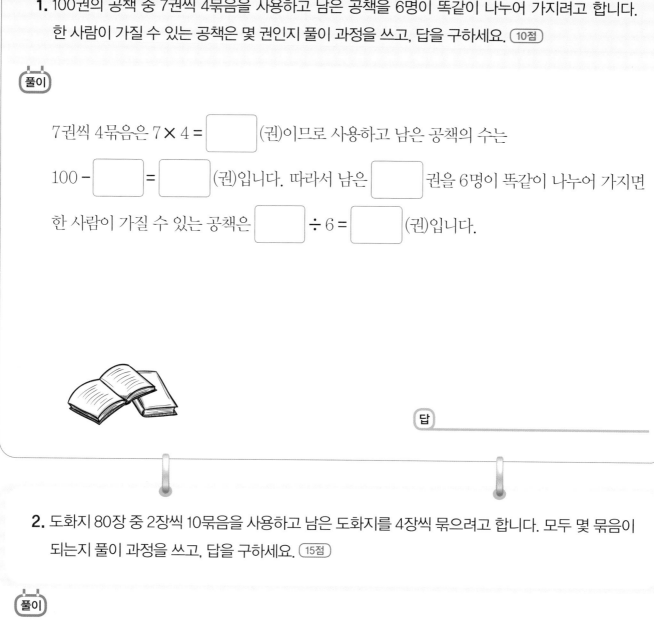

답 _____

2. 도화지 80장 중 2장씩 10묶음을 사용하고 남은 도화지를 4장씩 묶으려고 합니다. 모두 몇 묶음이 되는지 풀이 과정을 쓰고, 답을 구하세요. (15점)

풀이

답 _____

핵심유형 2

☆ (몇십몇)÷(몇)

STEP 1 대표 문제 맛보기

밤 84개를 한 사람에게 4개씩 나누어 주려고 합니다. 밤을 몇 명에게 줄 수 있는지 풀이 과정을 쓰고, 답을 구하세요. (8점)

1단계 알고 있는 것 (1점)   밤의 수 : ☐ 개,   한 사람에게 줄 밤의 수 : ☐ 개

2단계 문제 해결 방법 (1점)   ☐ 을 몇 명에게 나누어 줄 수 있는지 구하려고 합니다.

3단계 문제 풀이 과정 (2점)   밤의 수를 한 사람에게 줄 밤의 수로 (곱합니다 , 나눕니다).

4단계 문제 풀이 과정 (3점)   (나누어 줄 수 있는 사람의 수)

= (밤의 수) ÷ (한 사람에게 줄 밤의 수)

= ☐ ÷ ☐

= ☐ (명)입니다.

5단계 구하려는 답 (1점)   따라서 밤을 나누어 줄 수 있는 사람의 수는 ☐ 명입니다.

연필이 7타보다 8자루 더 많이 있습니다. 이 연필을 4명이 똑같이 나누어 갖는다면 한 명이 갖는 연필의 수는 몇 자루인지 풀이 과정을 쓰고, 답을 구하세요.
(단, 연필 한 타는 12자루입니다.) **9점**

1단계 **알고 있는 것** 1점

연필의 수 : ☐ 타보다 ☐ 자루 더 많습니다.

나누어 가질 사람의 수 : ☐ 명

2단계 **구하려는 것** 1점

한 명이 갖는 ☐ 의 수는 몇 자루인지 구하려고 합니다.

3단계 **문제 해결 방법** 2점

☐ 의 수를 구한 후, 연필의 수를 사람의 수로

(곱합니다 , 나눕니다).

4단계 **문제 풀이 과정** 3점

연필 한 타가 ☐ 자루이므로 연필 7타는 7 × ☐

= ☐ (자루)이고, 연필이 7타보다 ☐ 자루 더 많으므로

연필의 수는 ☐ + 8 = ☐ (자루)입니다. ☐ 자루를

4명이 똑같이 나누어 가지면 한 사람이 갖는 연필의 수는

(연필의 수) ÷ (나누어 가질 사람의 수)

= ☐ ÷ 4 = ☐ (자루)입니다.

5단계 **구하려는 답** 2점

STEP 3 스스로 풀어보기 유형②

1. 다음 조건을 만족하는 수를 7로 나눈 몫을 구하는 풀이 과정을 쓰고, 답을 구하세요. 10점

> • 45보다 크고 90보다 작은 수입니다.
>
> • 십의 자리 숫자는 일의 자리 숫자보다 4만큼 더 큽니다.
>
> • 십의 자리 숫자와 일의 자리 숫자의 합은 12입니다.

 풀이

45보다 크고 90보다 작은 수 중 십의 자리 숫자가 일의 자리 숫자보다 4만큼 더 큰 수는

[ ] , [ ] , [ ] , [ ] 입니다. 이 중 십의 자리 숫자와 일의 자리 숫자를

더하여 12가 되는 수는 [ ] 입니다. 따라서 [ ] 를 7로 나누면 [ ] ÷ 7

= [ ] 입니다.

답 _____

2. 다음 조건을 만족하는 수를 2로 나눈 몫을 구하는 풀이 과정을 쓰고, 답을 구하세요. 15점

> • 70보다 크고 90보다 작은 수입니다.
>
> • 십의 자리 숫자는 일의 자리 숫자보다 1만큼 더 큽니다.
>
> • 십의 자리 숫자와 일의 자리 숫자의 합은 13입니다.

 풀이

답 _____

☆ **(세 자리 수)÷(한 자리 수)**

STEP 1 대표 문제 맛보기

□ 안에 들어갈 수 있는 자연수는 모두 몇 개인지 구하려고 합니다. 풀이 과정을 쓰고, 답을 구하세요. (8점)

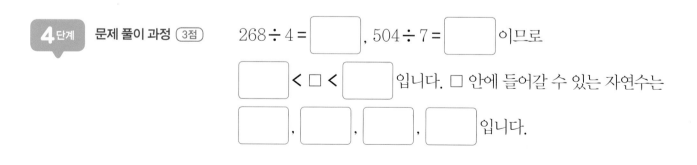

$268 \div 4 < \square < 504 \div 7$

1단계 알고 있는 것 (1점)
$\boxed{} \div 4 < \square < \boxed{} \div 7$

2단계 구하려는 것 (1점)
□ 안에 들어갈 수 있는 $\boxed{}$ 는 모두 몇 개인지 구하려고 합니다.

3단계 문제 해결 방법 (2점)
각각의 나눗셈의 몫을 구해 □ 안에 알맞은 $\boxed{}$ 의 개수를 구합니다.

4단계 문제 풀이 과정 (3점)
$268 \div 4 = \boxed{}$, $504 \div 7 = \boxed{}$ 이므로

$\boxed{} < \square < \boxed{}$ 입니다. □ 안에 들어갈 수 있는 자연수는

$\boxed{}$, $\boxed{}$, $\boxed{}$, $\boxed{}$ 입니다.

5단계 구하려는 답 (1점)
따라서 □ 안에 들어갈 수 있는 자연수는 모두 $\boxed{}$ 개입니다.

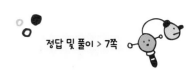

STEP 2 따라 풀어보기 ☆

1부터 100까지의 수 중에서 □ 안에 공통으로 들어갈 수 있는 자연수는 모두 몇 개인지 풀이 과정을 쓰고, 답을 구하세요. (9점)

> 456÷6 < □   774÷9 < □

1단계 알고 있는 것 (1점)

□ ÷6 < □ , □ ÷9 < □

2단계 구하려는 것 (1점)

1부터 □ 까지의 수 중에서 □ 안에 공통으로 들어갈 수 있는

□ 는 모두 몇 개인지 구하려고 합니다.

3단계 문제 해결 방법 (2점)

각각의 나눗셈의 몫을 구해 1부터 □ 까지의 수 중에서

□ 안에 공통으로 들어갈 수 있는 □ 가 몇 개인지 구합니다.

4단계 문제 풀이 과정 (3점)

$456 \div 6 = $ □ , $774 \div 9 = $ □ 이므로 □ < □이고

□ < □입니다. 1부터 100까지의 자연수 중에서 □ 안에 공통

으로 들어갈 수 있는 자연수는 □ , □ , □ , ……,

100입니다.

5단계 구하려는 답 (2점)

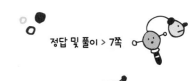

STEP 3 스스로 풀어보기

1. 현지는 5일 동안 885번의 줄넘기를 하였습니다. 매일 줄넘기를 넘은 개수가 같을 때, 현지가 3일
동안 넘은 줄넘기는 몇 번인지 풀이 과정을 쓰고, 답을 구하세요. [10점]

(현지가 하루에 한 줄넘기의 수)= ☐ ÷ ☐ = ☐ (번)입니다.

따라서 현지가 3일 동안 한 줄넘기 수는

(하루에 넘은 줄넘기의 수) × 3 = ☐ × 3 = ☐ (번)입니다.

답 _____

2. 현성이네 반 학생들이 6일 동안 마신 우유는 모두 132갑입니다. 매일 한 사람이 우유를 한 갑
씩 빠짐없이 마셨다면 현성이네 반 학생들이 4일 동안 마신 우유는 몇 갑인지 풀이 과정을 쓰고,
답을 구하세요. [15점]

답 _____

STEP 1 대표 문제 맛보기

어떤 수를 8로 나누었더니 몫이 12이고 나머지가 1입니다. 어떤 수는 무엇인지 구하는 풀이 과정을 쓰고, 답을 구하세요. (8점)

1단계 알고 있는 것 (1점) 나누는 수 : ☐ 몫 : ☐ 나머지 : ☐

2단계 구하려는 것 (1점) ☐ 수를 구하려고 합니다.

3단계 문제 해결 방법 (2점) 나눗셈에서 나누어지는 수는 나누는 수와 ☐ 의 곱에

☐ 를 더합니다.

4단계 문제 풀이 과정 (3점) 어떤 수는 나눗셈에서 나누어지는 수입니다. 나누어지는 수는

나누는 수와 ☐ 의 곱에 ☐ 를 더해 구합니다.

(어떤 수) ÷ 8 = ☐ …1이므로 8 × ☐ = ☐ ,

☐ + 1 = ☐ 입니다.

5단계 구하려는 답 (1점) 따라서 어떤 수는 ☐ 입니다.

② 나눗셈 • 37

연지는 가지고 있던 100원짜리 동전으로 700원짜리 공책을 12권 샀더니 100원짜리 동전 3개 남았습니다. 연지가 처음 가지고 있던 100원짜리 동전은 모두 몇 개인지 풀이 과정을 쓰고, 답을 구하세요. (9점)

1단계 알고 있는 것 (1점)

공책 한 권의 값 : [   ] 원, 산 공책의 수 : [   ] 권,

남은 100원짜리 동전의 수 : [   ] 개

2단계 구하려는 것 (1점)

연지가 처음 가지고 있던 [   ] 원짜리 동전의 수를 구하려고 합니다.

3단계 문제 해결 방법 (2점)

나눗셈에서 나누어지는 수는 나누는 수와 [   ] 의 곱에

[   ] 를 더합니다.

4단계 문제 풀이 과정 (3점)

처음 100원짜리 동전의 수를 □ 개라 하고, 700원을

100원짜리 동전 7개라고 생각하면 □ ÷ 7 = [   ] …3입니다.

7 × [   ] = [   ] , [   ] + 3 = [   ] 이므로

□ = [   ] 입니다.

5단계 구하려는 답 (2점)

📌 계산이 맞았는지 확인하기

48 ÷ 5 = 9 … 3
(나누어지는 수) (나누는 수) (몫) (나머지)

① 5 × 9 = ㊺
(나누는 수) (몫)

② ㊺ + 3 = 48
(나머지) (나누어지는 수)

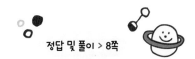

STEP 3

1. □ 안에 들어갈 수 중 가장 큰 수는 무엇인지 풀이 과정을 쓰고, 답을 구하세요. [10점]

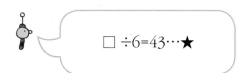

$$□ \div 6 = 43 \cdots ★$$

풀이

□ 안에 들어갈 수 중 가장 큰 수는 ★이 가장 (큰 , 작은) 경우입니다. 나머지는 나누는

수보다 더 작아야 하므로 ★ < ☐ 이고 이 중 가장 큰 수 ☐ 가 ★일 때, □ 안에 들어갈

수가 가장 큽니다. 6 × 43 = ☐ , 258 + ☐ = ☐ 이므로 □ 안에 들어갈

수 중 가장 큰 수는 ☐ 입니다.

답 _____

2. □ 안에 들어갈 수 중 가장 큰 수는 무엇인지 풀이 과정을 쓰고, 답을 구하세요. [15점]

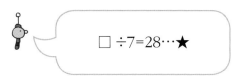

$$□ \div 7 = 28 \cdots ★$$

풀이

답 _____

스스로 문제를 풀어보며 실력을 높여보세요.

 ① 유형①+②

 힌트로 해결 끝!

(몇십)÷(몇)을 만들고 몫을 구해요.

4, 6, 80, 90 중 두 수를 골라 나누어떨어지는 나눗셈을 만들었을 때 나눗셈의 몫의 차를 구하려고 합니다. 풀이 과정을 쓰고, 답을 구하세요. [20점]

풀이

답

 ② 유형③+④

 힌트로 해결 끝!

35부터 44까지의 수 중에서 3으로 나누어떨어지는 수를 찾아요.

35부터 44까지의 수 중에서 3으로 나누었을 때 나머지가 0인 수는 몇 개인지 구하려고 합니다. 풀이 과정을 쓰고, 답을 구하세요. [20점]

 풀이

답

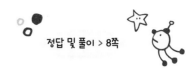

3 창의융합

어떤 두 자리 수를 3으로 나누었을 때 나머지가 2이고 4로 나누었을 때 나머지가 3 입니다. 이 두 자리 수 중 가장 큰 수는 무엇인지 풀이 과정을 쓰고, 답을 구하세요. (20점)

 풀이

 힌트로 해결 끝!
3으로 나누어 나머지가 2인 수를 큰 수부터 써요.

 4로 나누어 나머지가 3인 수를 큰 수부터 써요.

 공통인 수를 찾아요.

답

4 생활수학

원 모양의 호수 둘레에 56 m 간격으로 8그루의 나무를 심었습니다. 이 호수 둘레에 7 m 간격으로 깃발을 꽂는다면 깃발의 수는 모두 몇 개인지 풀이 과정을 쓰고, 답을 구하세요. (단, 나무와 깃발의 두께는 생각하지 않습니다.) (20점)

 힌트로 해결 끝!
(원 모양의 호수 둘레)=(나무 사이의 간격)×(나무 수)

 풀이

답

다음은 주어진 낱말과 조건을 활용해서 만든 문제를 보고 풀이 과정과 답을 구한 것입니다.
어떤 문제였을까요? 거꾸로 문제 만들기, 도전해 볼까요? (15점)

> **낱말** 컵케이크, 95개, 4상자
> **조건** 나머지가 있는 (몇십몇)÷(몇) 문제 만들기

★ 힌트 ★
남는 수는 나머지와 같아요

문제

풀이

(컵케이크의 수)÷(상자의 수)

=95÷4=23…3이므로 컵케이크는 한 상자에 23개씩 담고 3개가 남습니다.

따라서 남는 컵케이크의 수는 3개입니다.

답 _3개_

3. 원

STEP 1 대표 문제 맛보기

다음 원을 보고 잘못 설명한 것을 모두 찾아 기호로 쓰려고 합니다. 풀이 과정을 쓰고,
답을 구하세요. (8점)

○ 선분 ㄱㄴ은 원의 반지름입니다.
㉡ 선분 ㅇㄷ은 원의 지름입니다.
㉢ 점 ㅇ은 원의 중심입니다.
㉣ 원의 중심은 원에서 가장 안쪽에 있는 점입니다.

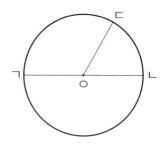

1단계 **알고 있는 것** (1점)

○ 선분 ㄱㄴ은 원의 [   ]입니다.

㉡ 선분 ㅇㄷ은 원의 [   ]입니다.

㉢ 점 ㅇ은 원의 [   ]입니다.

㉣ 원의 [   ]은 원에서 가장 안쪽에 있는 점입니다.

2단계 **구하려는 것** (1점)

원을 보고 잘못 설명한 것의 [   ]를 모두 쓰려고 합니다.

3단계 **문제 해결 방법** (2점)

원의 구성요소들이 각각 무엇인지 확인하여 (바르게 , 잘못)
설명한 것을 찾습니다.

4단계 **문제 풀이 과정** (3점)

선분 ㄱㄴ은 원 위의 두 점을 이은 선분 중 원의 [   ]을 지나는
선분이므로 원의 [   ]이고, 선분 [   ]은 원의 중심과
원 위의 한 점을 이은 선분이므로 원의 반지름입니다. 점 ㅇ은 원의
[   ]이고 원의 중심은 원에서 가장 [   ]쪽에 있는 점입니다.

5단계 **구하려는 답** (1점)

따라서 잘못 설명한 것을 기호로 쓰면 [   ]과 [   ]입니다.

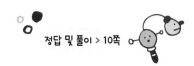
STEP 2 따라 풀어보기

다음과 같이 구멍이 뚫린 띠 종이를 누름 못으로 고정하고 원을 그리려고 합니다. 가장 작은 원을 그리려면 연필을 어디에 꽂아야 하는지 풀이 과정을 쓰고, 답을 구하세요. 9점

누름 못   ㉠   ㉡   ㉢

1단계 알고 있는 것 1점

누름 못이 꽂혀있는 구멍이 뚫린 ☐

2단계 구하려는 것 1점

가장 (큰 , 작은) 원을 그리려면 연필을 어디에 꽂아야 하는지 구하려고 합니다.

3단계 문제 해결 방법 2점

누름 못과 연필을 꽂은 구멍 사이의 길이가 (길수록 , 짧을수록) 원의 크기가 작아집니다.

4단계 문제 풀이 과정 3점

누름 못과 연필을 꽂은 구멍 사이의 길이가 원의 ☐ 입니다.
반지름이 (길수록 , 짧을수록) 작은 원이 되므로 가장 작은 원을 그리려면 누름 못과 구멍 사이의 길이가 가장 (긴 , 짧은) 곳에 연필을 꽂아야 합니다.

5단계 구하려는 답 2점

_____

원의 중심, 반지름, 지름

☆ 원의 중심: 점 ㅇ

☆ 원의 반지름: 선분 ㅇㄱ, 선분 ㅇㄴ

☆ 원의 지름: 선분 ㄱㄴ

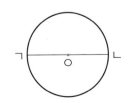

STEP 3 스스로 풀어보기

유형 ①

1. 반지름이 5 cm인 원 3개를 겹치지 않게 이어 붙여 만든 모양입니다. 선분 ㄱㄴ의 길이는 몇 cm 인지 풀이 과정을 쓰고, 답을 구하세요. 10점

 풀이

3개의 원의 반지름은 ☐ cm로 모두 같습니다. 선분 ㄱㄴ은 원의 반지름의 ☐ 배와

같으므로 선분 ☐ 의 길이는 5 × ☐ = ☐ (cm)입니다.

답 _____

2. 지름이 4 cm인 원 3개를 겹치지 않게 이어 붙여 만든 모양입니다. 선분 ㄱㄴ의 길이는 몇 cm인지 풀이 과정을 쓰고, 답을 구하세요. 15점

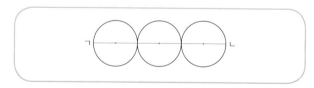

풀이

답 _____

STEP 1 대표 문제 맛보기

다음 중 가장 큰 원은 무엇인지 기호로 쓰려고 합니다. 풀이 과정을 쓰고, 답을 구하세요. (8점)

㉠ 지름이 12 cm인 원

㉡ 반지름이 7 cm인 원

㉢ 원의 중심과 원 위의 한 점을 이은 선분의 길이가 8 cm인 원

1단계 알고 있는 것 (1점)

㉠ 지름이 [　] cm인 원

㉡ 반지름이 [　] cm인 원

㉢ 원의 중심과 원 위의 한 점을 이은 선분의 길이가 [　] cm인 원

2단계 구하려는 것 (1점)

가장 (큰 , 작은) 원은 무엇인지 [　] 로 쓰려고 합니다.

3단계 문제 해결 방법 (2점)

지름 또는 반지름이 (길수록 , 짧을수록) 원의 크기가 큽니다.

4단계 문제 풀이 과정 (3점)

반지름이 길수록 큰 원이므로 각 원의 반지름을 구하면

㉠ 지름이 12 cm인 원은 반지름이 [　] cm이고, ㉡ 반지름이

[　] cm인 원, ㉢ 원의 중심과 원 위의 한 점을 이은 선분은 원의

반지름이므로 반지름이 [　] cm인 원입니다. 반지름을 비교하면

6 cm < [　] cm < [　] cm이므로 반지름이 가장 긴 원의 기호는

[　] 입니다.

5단계 구하려는 답 (1점)

따라서 가장 큰 원은 [　] 입니다.

□와 ○ 안에 알맞은 수의 합을 구하려고 합니다. 풀이 과정을 쓰고, 답하세요. 9점

> 지름이 20 cm인 원의 반지름은 □ cm입니다.
> 원의 반지름이 4 cm인 원의 지름은 ○ cm입니다.

1단계 **알고 있는 것** 1점

지름이 [ ] cm인 원의 반지름은 □ cm입니다.

원의 반지름이 [ ] cm인 원의 지름은 ○ cm입니다.

2단계 **구하려는 것** 1점

□와 ○ 안에 각각 알맞은 수들의 (합 , 차)을(를) 구하려고 합니다.

3단계 **문제 해결 방법** 2점

(원의 [ ])=(원의 반지름)×[ ] 이고,

(원의 [ ])=(원의 지름)÷[ ] 입니다.

4단계 **문제 풀이 과정** 3점

원에서 원의 반지름은 원의 지름을 [ ] 로 나눈 것이므로 지름이

20 cm인 원의 반지름은 20÷[ ]=[ ] (cm)이고

지름은 반지름에 [ ] 를 곱한 것이므로 반지름이 4 cm인 원의 지름은

4×[ ]=[ ] (cm)입니다. □와 ○ 안에 각각 알맞은 수는 차례로

[ ] 과 [ ] 이고, 합은 [ ] + [ ] = [ ] 입니다.

5단계 **구하려는 답** 2점

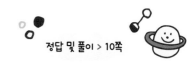

STEP 3 스스로 풀어보기 ☆

1. 가장 큰 원의 지름이 40 cm일 때, 가장 작은 원의 반지름은 몇 cm인지 구하려고 합니다. 풀이 과정을 쓰고, 답을 구하세요. (10점)

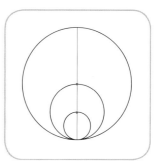

풀이

가장 작은 원의 반지름의 □ 배는 가장 큰 원의 □ 과 같습니다.

따라서 가장 작은 원의 □ 은 40÷□=□ (cm)입니다.

답

2. 큰 원 안에 크기가 같은 작은 원 3개를 그렸습니다. 작은 원의 지름이 10 cm일 때 선분 ㄱㄴ의 길이는 몇 cm인지 구하려고 합니다. 풀이 과정을 쓰고, 답을 구하세요. (15점)

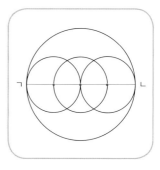

풀이

답

 핵심유형 3 ☆ 원을 이용하여 여러 가지 모양 그리기

STEP 1 대표 문제 맛보기

다음과 같은 모양을 똑같이 그리려고 합니다. 컴퍼스의 침을 꽂아야 할 부분은 몇 군데인지 풀이 과정을 쓰고, 답을 구하세요. (8점)

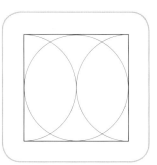

1단계 알고 있는 것 (1점)   주어진 모양 : ⬜ (주어진 모양을 보고 똑같이 그려보세요.)

2단계 구하려는 것 (1점)   컴퍼스의 ⬜을 꽂아야 할 부분은 몇 ⬜인지 구하려고 합니다.

3단계 문제 해결 방법 (2점)   컴퍼스의 침을 꽂는 부분은 원의 ⬜과 같습니다.

4단계 문제 풀이 과정 (3점)   컴퍼스의 침을 꽂을 부분은 원의

⬜ 과 같으므로 원의 ⬜을 찾아

표시하면 다음과 같습니다. 정사각형 안에

그려야 할 원의 중심이 ⬜개,

정사각형 안에 그려진 원의 일부를 그리기 위한 원의 중심이

⬜개이므로 원의 중심이 될 점은 ⬜개입니다.

5단계 구하려는 답 (1점)   따라서 똑같이 그리기 위해 컴퍼스의 침을 꽂아야 할 부분은

⬜군데입니다.

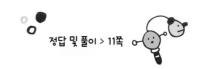

STEP 2 따라 풀어보기 ☆

일정한 규칙으로 모눈종이에 원을 그리려고 합니다. 네 번째로 그려야 할 원의 지름은 몇 cm인지 풀이 과정을 쓰고, 답을 구하세요. (단, 작은 모눈 한 칸은 한 변의 길이가 1 cm인 정사각형입니다.) (9점)

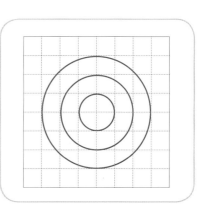

1단계 알고 있는 것 (1점)   일정한 [   ]으로 [   ]종이에 그린 원

2단계 구하려는 것 (1점)   [   ]번째로 그려야 할 원의 [   ]은 몇 cm인지 구하려고 합니다.

3단계 문제 해결 방법 (2점)   그려진 원의 중심과 원의 (반지름 , 둘레)의 규칙을 찾습니다.

4단계 문제 풀이 과정 (3점)   그려진 원의 중심은 모두 같고 원의 반지름은 가장 작은 원부터

차례로 [   ] cm, 2 cm, [   ] cm로 [   ] cm씩 길어집니다.

네 번째로 그려야 할 원의 반지름은 [   ] cm이고

지름은 [   ] × 2 = [   ] (cm)입니다.

5단계 구하려는 답 (2점)

📌 원을 이용하여 여러 가지 모양 그리기

123
이것만 알면
문제 해결 OK!

☆ 원이나 원의 일부를 그리기 위한 원의 중심을 먼저 찾습니다.

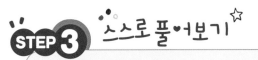
STEP 3 스스로 풀어보기

1. 원을 이용하여 여러 가지 모양을 그린 것입니다. 다음 중 원의 중심이 3개인 것은 어느 것인지 번호를 쓰려고 합니다. 풀이 과정을 쓰고, 답을 구하세요. (10점)

 풀이

각 그림에서 원의 중심은 다음과 같습니다. (다음 그림에 원의 중심을 알맞게 표시하세요.)

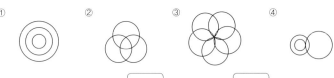

따라서 원의 중심이 ☐ 개인 것은 ☐ 입니다.

답 _____

2. 원을 이용하여 여러 가지 모양을 그린 것입니다. 원의 중심이 모두 몇 개인지 구하는 풀이 과정을 쓰고, 답을 구하세요. (15점)

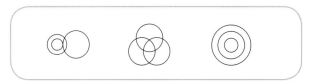

 풀이

답 _____

정답 및 풀이 > 12쪽

1

원 (나)의 반지름은 원 (가)의 지름의 $\frac{1}{4}$입니다. 원 (가)의 지름과 원 (나)의 반지름의 합은 몇 cm인지 풀이 과정을 쓰고, 답을 구하세요. 20점

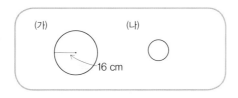

(원의 지름)
=(원의 반지름)×2

(원의 반지름)
=(원의 지름)÷2

풀이

답

2

지성이와 친구들이 선분 긋기 놀이를 하였습니다. 원 위의 같은 점에서 시작하여 원 위의 다른 점으로 선분을 그었을 때 길이가 가장 긴 선분을 그은 사람은 누구인지 풀이 과정을 쓰고, 답을 구하세요. 20점

원의 지름 : 원 위의 두 점을 이은 선분 중 원의 중심을 지나는 선분

지름은 원 안에 그을 수 있는 선분 중 가장 깁니다.

풀이

답

❸

창의융합

힌트로 해결 끝!

시계를 벽에 건 모양

시계 판매점에서 벽에 똑같은 원 모양 시계들을 나란히 걸어 전시하려고 합니다. 시계를 걸 벽이 다음과 같은 직사각형 모양일 때, 벽과 시계 사이, 시계와 시계 사이를 10 cm씩 일정한 간격으로 벌려 원 모양 시계 7개를 걸 수 있다면 시계의 반지름은 몇 cm인지 풀이 과정을 쓰고, 답을 구하세요. (20점)

2 m 20 cm
30 cm

 풀이

답

 ❹

창의융합

힌트로 해결 끝!

한 원에서 반지름은 모두 같아요.

반지름이 1 cm, 2 cm, 3 cm, 5 cm인 원을 그림과 같이 이어 붙였습니다. 네 개의 원의 중심을 선분으로 이어 그린 사각형의 네 변의 길이의 합은 몇 cm인지 풀이 과정을 쓰고, 답을 구하세요. (15점)

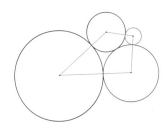

 풀이

답

5

창의융합

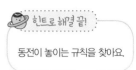

현준이가 각 동전의 반지름을 어림하여 나타낸 표를 보고 물음에 답하세요.

동전의 길이

동전	10원	50원	100원	500원
반지름 (mm)	11	9	12	13

다음과 같이 한 직선 위에 동전의 중심이 오도록 규칙을 정해 10개의 동전을 놓았다면 동전 한 쪽 끝에서 다른 쪽 끝까지 재었을 때 가장 긴 길이는 약 몇 cm인지 풀이 과정을 쓰고, 답을 구하세요. (25점)

동전이 놓이는 규칙을 찾아요.

지름은 한 원에서 길이가 가장 길어요.

 풀이

답

거꾸로 풀며 나만의 문제를 완성해 보세요.

다음은 주어진 수와 낱말, 조건을 활용해서 만든 문제를 보고 풀이 과정과 답을 구한 것입니다.
어떤 문제였을까요? 거꾸로 문제 만들기, 도전해 볼까요? (25점)

수	14, 27, 5, 3
낱말	원, 지름, 반지름
조건	원의 성질 문제 만들기

★힌트★
가장 큰 원이 무엇인지 고르는 질문을
만들어요

문제

풀이

한 원에서 지름은 반지름의 2배입니다.

㉠ 반지름이 14 cm인 원의 지름은 14×2=28 (cm)입니다.

㉢ 반지름이 5 cm의 3배인 원의 지름은 5×3×2=30 (cm)입니다.

따라서 ㉠ 반지름이 14 cm인 원, ㉡ 지름이 27 cm인 원, ㉢ 반지름이 5 cm의

3배인 원 중에서 가장 큰 원은 ㉢입니다.

답 ㉢

4. 분수

STEP 1 대표 문제 맛보기

48의 $\frac{1}{6}$은 48의 $\frac{3}{8}$보다 얼마나 더 작은지 구하는 풀이 과정을 쓰고, 답을 구하세요. (8점)

1단계 알고 있는 것 (1점)

전체의 수 : ☐

2단계 구하려는 것 (1점)

48의 $\frac{1}{6}$은 48의 $\frac{3}{8}$보다 얼마나 더 (큰지 , 작은지) 구하려고 합니다.

3단계 문제 해결 방법 (2점)

전체의 분수만큼은 전체를 똑같이 분모의 수만큼으로 묶은 것 중

☐ 의 묶음에 해당하는 수를 구합니다.

4단계 문제 풀이 과정 (3점)

48의 $\frac{1}{6}$은 48을 ☐ 묶음으로 묶은 것 중 한 묶음의 수입니다.

48 ÷ 6 = ☐ 이고 한 묶음의 수는 ☐ 이므로 48의 $\frac{1}{6}$은

☐ 입니다. 48의 $\frac{3}{8}$은 48을 ☐ 묶음으로 묶은 것 중

☐ 묶음의 수입니다. 48 ÷ 8 = ☐ 이므로 3묶음의 수는

☐ × 3 = ☐ 이고 48의 $\frac{3}{8}$은 ☐ 입니다.

18 > 8이므로 ☐ - 8 = ☐ 입니다.

5단계 구하려는 답 (1점)

따라서 48의 $\frac{1}{6}$은 48의 $\frac{3}{8}$보다 ☐ 만큼 더 작습니다.

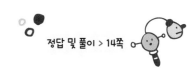

STEP 2 따라 풀어보기 ☆

끈 4 m가 있습니다. 4 m의 $\frac{2}{5}$는 몇 cm인지 구하는 풀이 과정을 쓰고, 답을 구하세요. (9점)

1단계 알고 있는 것 (1점) 끈의 길이 : ☐ m

2단계 구하려는 것 (1점) ☐ m의 $\frac{2}{5}$는 몇 ☐ 인지 구하려고 합니다.

3단계 문제 해결 방법 (2점) 4 m = ☐ cm이므로 ☐ 의 $\frac{2}{5}$를 구합니다.

4단계 문제 풀이 과정 (3점) 4 m = 400 cm입니다. ☐ 의 $\frac{2}{5}$는 ☐ 을 5묶음으로

묶은 것 중 ☐ 묶음의 수이고 ☐ ÷ 5 = ☐ 이므로 한

묶음의 수는 80, 2묶음의 수는 ☐ 입니다.

그러므로 ☐ 의 $\frac{2}{5}$는 ☐ 입니다.

5단계 구하려는 답 (2점)

📌 분수만큼 알아보기

☆ ♥의 $\frac{★}{▲}$ → ♥를 ▲묶음으로 묶은 것 중 ★묶음의 수

STEP 3 스스로 풀어보기

유형 ❶

1. 어떤 수의 $\frac{2}{3}$ 는 36입니다. 어떤 수를 구하는 풀이 과정을 쓰고, 답을 구하세요. (10점)

풀이

어떤 수의 $\frac{2}{3}$ 는 어떤 수를 똑같이 ☐ 묶음으로 묶은 것 중 ☐ 묶음이고

어떤 수의 $\frac{2}{3}$ 가 ☐ 이므로 어떤 수의 $\frac{1}{3}$ 은 ☐ ÷ 2= ☐ 입니다.

따라서 어떤 수는 18 × ☐ = ☐ 입니다.

답 _____

2. 어떤 수의 $\frac{4}{5}$ 는 72입니다. 어떤 수를 구하는 풀이 과정을 쓰고, 답을 구하세요. (15점)

풀이

답 _____

 대표 문제 맛보기

다음 수 카드 중 2장을 골라 한 번씩만 이용하여 만들 수 있는 진분수와 가분수는 각각 몇 개인지 구하려고 합니다. 풀이 과정을 쓰고, 답하세요. (8점)

| 3 | 4 | 5 | 6 |

1단계 알고 있는 것 (1점)

수 카드의 수 : ☐, 4, 5, ☐

2단계 구하려는 것 (1점)

만들 수 있는 ☐ 와 ☐ 는 각각 몇 개인지 구하려고 합니다.

3단계 문제 해결 방법 (2점)

☐ 는 분자가 분모보다 더 작은 분수입니다.

☐ 는 분자가 분모와 같거나 더 큰 분수입니다.

4단계 문제 풀이 과정 (3점)

만들 수 있는 진분수는 $\dfrac{\square}{4}, \dfrac{\square}{5}, \dfrac{\square}{5}, \dfrac{\square}{6}, \dfrac{\square}{6}, \dfrac{\square}{6}$

이고, 만들 수 있는 가분수는 $\dfrac{\square}{3}, \dfrac{\square}{3}, \dfrac{\square}{3}, \dfrac{\square}{4}, \dfrac{\square}{4},$

$\dfrac{\square}{5}$ 입니다.

5단계 구하려는 답 (1점)

따라서 만들 수 있는 진분수와 가분수는 각각 ☐ 개입니다.

다음 수 카드 중 2장을 골라 한 번씩만 이용하여 만들 수 있는 가분수 중 자연수로 나타낼 수 있는 것은 모두 몇 개인지 구하려고 합니다. 풀이 과정을 쓰고, 답하세요. (9점)

| 3 | 4 | 2 | 6 | 8 |

1단계 알고 있는 것 (1점)

수 카드의 수 : ☐, 4, 2, ☐, ☐

2단계 구하려는 것 (1점)

만들 수 있는 가분수 중 ☐로 나타낼 수 있는 것은 모두 몇 개인지 구하려고 합니다.

3단계 문제 해결 방법 (2점)

분자를 분모로 나누었을 때 나누어떨어지면 ☐로 나타낼 수 있습니다.

4단계 문제 풀이 과정 (3점)

만들 수 있는 가분수는 $\frac{\boxed{}}{2}$, $\frac{\boxed{}}{2}$, $\frac{\boxed{}}{2}$, $\frac{\boxed{}}{2}$, $\frac{\boxed{}}{3}$, $\frac{\boxed{}}{3}$, $\frac{\boxed{}}{3}$, $\frac{\boxed{}}{4}$, $\frac{\boxed{}}{4}$, $\frac{\boxed{}}{6}$입니다. 이 중 $\frac{\boxed{}}{2}=2$, $\frac{\boxed{}}{2}=3$, $\frac{\boxed{}}{2}=4$, $\frac{\boxed{}}{3}=2$, $\frac{\boxed{}}{4}=2$입니다.

5단계 구하려는 답 (2점)

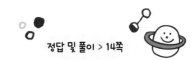

STEP 3 스스로 풀어보기

1. 다음 분수들 중 진분수와 가분수 중 어느 것이 몇 개 더 많은지 풀이 과정을 쓰고, 답을 구하세요. 10점

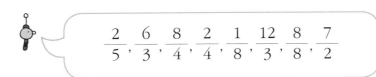

$$\frac{2}{5}, \frac{6}{3}, \frac{8}{4}, \frac{2}{4}, \frac{1}{8}, \frac{12}{3}, \frac{8}{8}, \frac{7}{2}$$

풀이

진분수는 분자가 분모보다 더 작은 분수로 $\dfrac{\boxed{}}{5}, \dfrac{\boxed{}}{4}, \dfrac{\boxed{}}{8}$ 이고

가분수는 분자가 분모가 같거나 큰 분수로 $\dfrac{\boxed{}}{3}, \dfrac{\boxed{}}{4}, \dfrac{\boxed{}}{3}, \dfrac{\boxed{}}{8}, \dfrac{\boxed{}}{2}$ 입니다.

따라서 □ 가 □ 보다 □ 개 더 많습니다.

답 _____

2. 다음 조건을 만족하는 진분수와 가분수 중 어느 것이 몇 개 더 많은지 풀이 과정을 쓰고, 답을 구하세요. (단, 가분수의 분모에 1을 쓰지 않습니다.) 15점

조건 분모가 8인 진분수
분자가 7인 가분수

풀이

답 _____

STEP 1 대표 문제 맛보기

1부터 9까지의 수 중에서 다음 대분수의 분모가 될 수 있는 수를 모두 구하려고 합니다. 풀이 과정을 쓰고, 답을 구하세요. (8점)

$$3\frac{7}{\triangle}$$

1단계 알고 있는 것 (1점) 주어진 대분수 : ☐

2단계 구하려는 것 (1점) 1부터 ☐ 까지의 수 중에서 대분수 $3\frac{7}{\triangle}$의 ☐ 가 될 수 있는 수를 모두 구하려고 합니다.

3단계 문제 해결 방법 (2점) 대분수는 ☐ 와 ☐ 로 이루어진 분수입니다.

4단계 문제 풀이 과정 (3점) 대분수는 자연수와 ☐ 로 이루어진 분수이므로 $3\frac{7}{\triangle}$의 분수 부분 $\frac{7}{\triangle}$은 ☐ 여야 합니다. ☐ <△이므로 1부터 9까지의 수 중에서 △ 안에 들어갈 수 있는 수는 ☐ , ☐ 입니다.

5단계 구하려는 답 (1점) 따라서 대분수 $3\frac{7}{\triangle}$의 분모가 될 수 있는 수는 ☐ , ☐ 입니다.

64

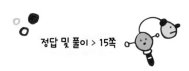

STEP 2 따라 풀어보기 ☆

1부터 9까지의 수 중에서 다음 대분수의 분자가 될 수 있는 수들의 합을
구하려고 합니다. 풀이 과정을 쓰고, 답을 구하세요. (9점)

$$2\dfrac{\triangle}{6}$$

1단계 **알고 있는 것** (1점) 주어진 대분수 : ☐

2단계 **구하려는 것** (1점) 대분수의 ☐ 가 될 수 있는 수들의 (합 , 차)을(를) 구하려고
합니다.

3단계 **문제 해결 방법** (2점) 대분수는 ☐ 와 ☐ 로 이루어진 분수입니다.

4단계 **문제 풀이 과정** (3점) 대분수는 자연수와 ☐ 로 이루어진 분수이므로 $2\dfrac{\triangle}{6}$의 분수

부분 $\dfrac{\triangle}{6}$는 ☐ 여야 합니다. △ < 6이므로 △ 안에 들어갈 수

있는 수는 1부터 9까지의 수 중에서 ☐ , 2, ☐ , ☐ , 5이고

이 수들의 합은 ☐ + 2 + ☐ + ☐ + 5 = 15입니다.

5단계 **구하려는 답** (2점)

STEP 3 스스로 풀어보기

유형 ③

1. 다음을 보고 ♥+★+★의 값을 구하는 풀이 과정을 쓰고, 답을 구하세요. (10점)

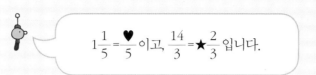

$1\dfrac{1}{5}=\dfrac{♥}{5}$ 이고, $\dfrac{14}{3}=★\dfrac{2}{3}$ 입니다.

풀이

$1\dfrac{1}{5}$ 에서 1은 $\dfrac{5}{5}$ 이므로 $1\dfrac{1}{5}$ 은 $\dfrac{1}{5}$ 이 ☐ 개인 분수로 가분수로 나타내면 ☐ 과 같습니다.

→ ♥ = ☐

$\dfrac{14}{3}$ 에서 ☐ =4이고 나머지 ☐ 를 대분수의 분수 부분으로 하면 $\dfrac{14}{3}$ = ☐ 입니다.

→ ★ = ☐

따라서 ♥ + ★ + ★ = ☐ + ☐ + ☐ = ☐ 입니다.

답 _____

2. 다음을 보고 ◆×▲×◆의 값을 구하는 풀이 과정을 쓰고, 답을 구하세요. (15점)

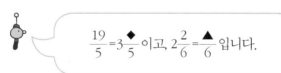

$\dfrac{19}{5}=3\dfrac{◆}{5}$ 이고, $2\dfrac{2}{6}=\dfrac{▲}{6}$ 입니다.

풀이

답 _____

분모가 같은 분수의 크기 비교

정답 및 풀이 > 16쪽

STEP 1 대표 문제 맛보기

> 빨간색 끈의 길이는 $\frac{11}{8}$ m이고, 파란색 끈의 길이는 $1\frac{1}{8}$ m입니다. 빨간색 끈과 파란색 끈 중 길이가 더 긴 끈은 무엇인지 풀이 과정을 쓰고, 답을 구하세요. (단, 가분수를 대분수로 나타내어 해결하세요.) 8점

1단계 알고 있는 것 1점

빨간 끈의 길이 : ☐ m, 파란 끈의 길이 : ☐ m

2단계 구하려는 것 1점

빨간색 끈과 파란색 끈 중 길이가 더 (긴 , 짧은) 끈은 무엇인지 구하려고 합니다.

3단계 문제 해결 방법 2점

☐ 를 대분수로 고쳐 비교합니다. 분모와 분자가 (같은 , 다른) 가분수는 1과 같습니다.

4단계 문제 풀이 과정 3점

길이가 더 긴 끈을 구하려면 분수의 크기를 비교해 더 큰 수를 찾습니다. 가분수 ☐ 에서 ☐ =1이고 나머지 $\frac{3}{8}$ 을 대분수의 분수 부분으로 나타내면 $\frac{11}{8}$ = ☐ 입니다. 두 대분수의 자연수 부분이 같으므로 대분수의 ☐ 부분이 클수록 더 큰 분수입니다. 두 대분수의 분자 부분을 비교하면 ☐ > ☐ 이므로 $\frac{11}{8}$ (> , = , <)$1\frac{1}{8}$ 입니다.

5단계 구하려는 답 1점

따라서 ☐ 색 끈의 길이가 더 깁니다.

다음 분수 $2\frac{2}{7}$ 보다 더 큰 분수를 모두 구하려고 합니다. 풀이 과정을 쓰고, 답을 구하세요. (8점)

$$\frac{13}{7}, \frac{14}{7}, \frac{15}{7}, 2\frac{6}{7}, \frac{18}{7}, 2\frac{5}{7}$$

1단계 알고 있는 것 (1점)   주어진 분수 : ☐ , ☐ , ☐ , ☐ , ☐

2단계 구하려는 것 (1점)   ☐ 보다 더 (큰 , 작은) 분수를 모두 구하려고 합니다.

3단계 문제 해결 방법 (2점)   ☐ 를 가분수로 나타내거나 ☐ 를 대분수로 나타냅니다.

4단계 문제 풀이 과정 (3점)   분모가 같은 대분수는 자연수 부분이 클수록 크고, 자연수 부분이 같을 땐 ☐ 가 클수록 큰 수이므로 대분수 중에서 ☐ 보다 더 큰 수는 ☐ 와 ☐ 입니다. $2\frac{2}{7}$를 가분수로 나타내면 $2\frac{2}{7} = \frac{\boxed{}}{7}$이고 분모가 같은 가분수는 분자가 클수록 더 큰 수이므로 가분수 중에서 $2\frac{2}{7}$보다 더 큰 수는 ☐ 입니다.

5단계 구하려는 답 (2점)

STEP 3 스스로 풀어보기 유형❹

1. □ 안에 들어갈 수 있는 세 번째로 작은 수는 무엇인지 풀이 과정을 쓰고, 답을 구하세요. 10점

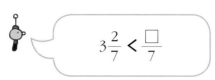

$$3\frac{2}{7} < \frac{\square}{7}$$

풀이

$3\frac{2}{7}$ 에서 $3 = \boxed{}$ 이므로 $3\frac{2}{7}$ 를 가분수로 나타내면 $\boxed{}$ 입니다.

$\boxed{} < \frac{\square}{7}$ 이므로 분자를 비교하면 $\boxed{} < \square$ 입니다.

따라서 □ 안에 들어갈 수 있는 수는 $\boxed{}$, $\boxed{}$, $\boxed{}$, ……이고,

세 번째로 작은 수는 $\boxed{}$ 입니다.

답 _____

2. □ 안에 들어갈 수 있는 두 번째로 큰 수는 무엇인지 풀이 과정을 쓰고, 답을 구하세요. 15점

$$\frac{\square}{9} < 4\frac{4}{9}$$

풀이

답 _____

스스로 문제를 풀어보며 실력을 높여보세요.

 1

 유형❷+❸

다음 수 카드 중 3장을 뽑아 한 번씩만 이용하여 분모가 8인 가장 작은 대분수를 만들었습니다. 남은 수 카드로 만들 수 있는 가분수는 무엇인지 풀이 과정을 쓰고, 답을 구하세요. [20점]

| 2 | 3 | 6 | 8 | 5 |

 힌트로 해결 끝!

가장 작은 진분수
→ (가장 작은 수)
   (가장 큰 수)

대분수의 자연수 부분이
가장 작아야 해요.

풀이

답

 2

 유형❸+❹

다음 조건을 모두 만족하는 분수를 ㉠이라 할 때, ㉠과 $1\frac{6}{9}$ 중 더 큰 수는 무엇 인지 구하는 풀이 과정을 쓰고, 답을 구하세요. [20점]

> **조건** 분모와 분자의 합이 22인 가분수입니다.
> 분모는 분자보다 4만큼 더 작습니다.

 힌트로 해결 끝!

가분수와 대분수의 크기를 비 교할 때 가분수를 대분수로 나 타내거나 대분수를 가분수로 나타내어 답을 구할 수 있어요.

풀이

답

3

생활수학

마트에서 할인 행사를 합니다. 친구들의 대화를 읽고 당근 3개와 무 $1\frac{1}{2}$개를 사고 내야할 돈은 얼마인지 풀이 과정을 쓰고, 답을 구하세요. (20점)

> **영민** 당근 한 개는 원래 800원인데 오늘만 원래 가격의 $\frac{3}{5}$으로 판대.
>
> **진수** 무는 커서 한 개를 똑같이 둘로 나눠서 파나 봐. 무 반개의 값이 700원이래.

힌트로 해결 끝!

무 반개 $=\frac{1}{2}$개

$1\frac{1}{2}$에서 $1=\frac{2}{2}$

$\frac{3}{2}$은 $\frac{1}{2}$이 3개

풀이

답 _____

4

생활수학

다음은 영준이의 하루 중 일부입니다. 영준이가 학교에서 생활하는 시간은 축구를 하는 시간보다 몇 시간 몇 분 더 긴지 풀이 과정을 쓰고, 답하세요. (25점)

> 하루의 $\frac{3}{8}$을 잡니다.
>
> $5\frac{4}{5}$ 시간 동안 학교에서 생활합니다.
>
> 학교에서 돌아와 잠을 자는 시간의 $\frac{2}{9}$만큼 축구를 합니다.

힌트로 해결 끝!

하루의 시간 : 24시간

1시간=60분

풀이

답 _____

다음은 주어진 수와 낱말, 조건을 활용해서 만든 문제를 보고 풀이 과정과 답을 구한 것입니다.

어떤 문제였을까요? 거꾸로 문제 만들기, 도전해 볼까요? (15점)

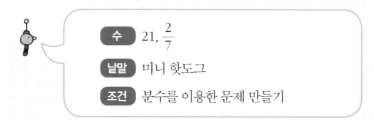

수 21, $\frac{2}{7}$

낱말 미니 핫도그

조건 분수를 이용한 문제 만들기

★ 힌트 ★
먹은 핫도그의 수를 구하는 질문을
만들어요!

문제

풀이

21의 $\frac{1}{7}$은 3입니다. $\frac{2}{7}$는 $\frac{1}{7}$이 2개이므로 21의 $\frac{2}{7}$는 6입니다.

따라서 현서가 먹은 미니 핫도그는 6개입니다.

답 6개

5. 들이와 무게

STEP 1 대표 문제 맛보기

주전자와 물병에 가득 담은 물을 모양과 크기가 같은 작은 컵에 담았더니 주전자의 물은 7컵, 물병의 물은 6컵이었습니다. 주전자와 물병 중 들이가 더 많은 것은 무엇인지 풀이 과정을 쓰고, 답을 구하세요. (8점)

1단계 알고 있는 것 (1점)   주전자의 물을 옮겨 담은 컵의 수 : ☐ 컵

물병의 물을 옮겨 담은 컵의 수 : ☐ 컵

2단계 구하려는 것 (1점)   주전자와 ☐ 중 들이가 더 (많은 , 적은) 것을 구하려고 합니다.

3단계 문제 해결 방법 (2점)   두 그릇에 가득 채운 물을 옮겨 담은 컵의 수가 (많을수록 , 적을수록) 들이가 더 많습니다.

4단계 문제 풀이 과정 (3점)   주전자와 ☐ 에 가득 채운 물을 모양과 ☐ 가 같은 작은 컵에 담았을 때, 옮겨 담은 컵의 수가 (많을수록 , 적을수록) 그릇의 들이가 더 많습니다. ☐ 컵 > ☐ 컵입니다.

5단계 구하려는 답 (1점)   따라서 주전자와 물병 중 들이가 더 많은 것은 ☐ 입니다.

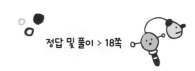

STEP 2 따라 풀어보기 ☆

수조에 가득 담긴 물의 양은 8 L보다 200 mL 더 많습니다. 수조에 담긴 물의 양은 모두 몇 mL인지 풀이 과정을 쓰고, 답하세요. (9점)

1단계 **알고 있는 것** (1점) 수조에 담긴 물의 양 : ☐ L보다 ☐ mL 더 많습니다.

2단계 **구하려는 것** (1점) 수조에 담긴 ☐ 의 양은 모두 몇 ☐ 인지로 구하려고 합니다.

3단계 **문제 해결 방법** (2점) 1 L = ☐ mL입니다.

4단계 **문제 풀이 과정** (3점) 8 L보다 200 mL 더 많은 양은 ☐ L 200 mL입니다.

1 L = ☐ mL이므로

☐ L 200 mL

= ☐ L + 200 mL

= ☐ mL + 200 mL

= ☐ mL입니다.

5단계 **구하려는 답** (2점)

STEP 3 스스로 풀어보기

유형①

1. 물통에 물을 가득 채우기 위해 (가), (나), (다) 컵으로 부은 횟수를 나타낸 표입니다. (가), (나), (다) 컵 중 들이가 가장 적은 것은 어떤 컵인지 풀이 과정을 쓰고, 답을 구하세요. 10점

컵	(가)	(나)	(다)
횟수(번)	5	4	7

풀이

들이가 적은 그릇일수록 붓는 횟수가 (많습니다 , 적습니다). (가), (나), (다) 컵의 부은 횟수를

비교하면 ☐ < 5 < ☐ 이므로 부은 횟수가 가장 많은 것은 ☐ 컵입니다.

따라서 들이가 가장 적은 컵은 ☐ 컵입니다.

답 _____

2. 수조에 가득 부은 물을 (가) 그릇으로 5번, (나) 그릇으로 6번, (다) 그릇으로 3번 덜어냈습니다. (가), (나), (다) 그릇 중 들이가 가장 많은 것은 무엇인지 풀이 과정을 쓰고, 답을 구하세요. 15점

풀이

답 _____

핵심유형2

☆ 들이의 합과 차

정답 및 풀이 > 18쪽

STEP 1 대표 문제 맛보기

어항에 담겨있던 물의 양은 2 L 450 mL입니다. 어항에 3 L 450 mL의 물을 더 부었다면 어항에 물은 모두 몇 L 몇 mL가 되는지 풀이 과정을 쓰고, 답을 구하세요. (8점)

1단계 알고 있는 것 (1점)

어항에 담겨있던 물의 양 : ☐ L ☐ mL

더 부은 물의 양 : ☐ L ☐ mL

2단계 구하려는 것 (1점)

물을 더 부었을 때 어항의 물은 모두 몇 ☐ 몇 ☐ 가 되는지 구하려고 합니다.

3단계 문제 해결 방법 (2점)

어항에 담겨있던 물의 양에 더 부은 물의 양을 (더합니다 , 뺍니다).

4단계 문제 풀이 과정 (3점)

어항에 담겨있던 물의 양에 더 부은 물의 양을 더하면

2 L ☐ mL + ☐ L ☐ mL

= ☐ L ☐ mL입니다.

5단계 구하려는 답 (1점)

따라서 물을 더 부었을 때 어항의 물은 모두 ☐ L ☐ mL 입니다.

욕조에 가득 담을 수 있는 물의 양은 20 L입니다. 반신욕을 할 때 물이 넘치지 않게 전체의 $\frac{3}{5}$만큼의 물을 채워야 합니다. 물을 10 L 300 mL만큼 채웠다면 반신욕을 하기 위해 더 채워야 하는 물의 양은 몇 L 몇 mL인지 풀이 과정을 쓰고, 답을 구하세요. [9점]

1단계 알고 있는 것 [1점]

욕조에 가득 담을 수 있는 물의 양 : ☐ L

반신욕을 할 때 채워야 하는 물의 양 : 전체의 ☐

채운 물의 양 : ☐ L ☐ mL

2단계 구하려는 것 [1점]

반신욕을 하기 위해 더 채워야 하는 ☐ 의 양을 구하려고 합니다.

3단계 문제 해결 방법 [2점]

☐ L의 $\frac{3}{5}$을 구한 후, 채운 물의 양을 (더합니다 , 뺍니다).

4단계 문제 풀이 과정 [3점]

반신욕을 위해 채워야 하는 물의 양은 ☐ L의 $\frac{3}{5}$으로

☐ L입니다.

12 L에서 채운 물의 양을 빼면

12 L − ☐ L ☐ mL

= ☐ L ☐ mL입니다.

5단계 구하려는 답 [2점]

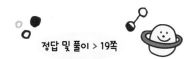

STEP 3 스스로 풀어보기 유형②

1. ㉠과 ㉡ 중 들이가 더 많은 것은 무엇인지 풀이 과정을 쓰고, 답을 구하세요. 〔10점〕

㉠ 4 L 250mL-1 L 200mL
㉡ 1 L 700 mL+1 L 400 mL

풀이

㉠ 4 L 250 mL − 1 L 200 mL = ☐ L ☐ mL입니다.

㉡ 1 L 700 mL + 1 L 400 mL = ☐ L 1100 mL = ☐ L ☐ mL입니다.

☐ L ☐ mL < ☐ L 100 mL이므로

㉠과 ㉡ 중 들이가 더 많은 것은 ☐ 입니다.

답 _____

2. ㉠과 ㉡ 중 들이가 더 적은 것은 무엇인지 풀이 과정을 쓰고, 답을 구하세요. 〔15점〕

㉠ 3 L 330 mL + 1 L 900mL
㉡ 6 L 600 mL - 1 L 450 mL

풀이

답 _____

핵심유형 ③ ☆ 무게 비교, 무게의 단위

 STEP 1 대표 문제 맛보기

다음 중 무게를 잘못 비교한 사람은 누구인지 이름을 쓰려고 합니다. 풀이 과정을 쓰고, 답을 구하세요. (8점)

> **보라** 윗접시저울의 양쪽에 필통 한 개와 공책 한 권을 올려놓았더니 필통이 아래로 내려갔어. 공책이 더 무거운 거야.
>
> **시언** 양손으로 각각 수박 한 개와 참외 한 개를 들어봤어. 수박을 들 때 힘이 더 많이 드는 걸 보니 수박이 더 무거워.

1단계 알고 있는 것 (1점)

보라, [   ]이가 [   ]를 비교한 내용을 알고 있습니다.

2단계 구하려는 것 (1점)

[   ]를 잘못 비교한 사람을 구하려고 합니다.

3단계 문제 해결 방법 (2점)

윗접시저울을 이용하여 무게를 잴 때, 아래로 내려온 쪽이 더 (가볍습니다 , 무겁습니다). 또한 손으로 들었을 때 힘이 더 많이 드는 쪽이 더 (가볍습니다 , 무겁습니다).

4단계 문제 풀이 과정 (3점)

윗접시저울에서 아래쪽으로 내려온 것은 [   ]인 것으로 보아 [   ]이 더 무거우므로 보라의 설명은 (옳은 , 틀린) 것입니다.

양손으로 비교한 경우 [   ]을 들 때 힘이 더 많이 드는 것으로 보아 [   ]이 더 무거우므로 시언이의 설명은 (옳은 , 틀린) 것입니다.

5단계 구하려는 답 (1점)

따라서 무게를 잘못 비교한 사람은 [   ]입니다.

80

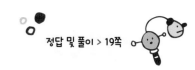

STEP 2 따라 풀어보기 ☆

연필 한 자루의 무게는 구슬 5개의 무게와 같고, 지우개 한 개의 무게는 연필 2자루의 무게와 같습니다. 지우개 3개의 무게는 구슬 몇 개의 무게와 같은지 풀이 과정을 쓰고, 답을 구하세요. (단, 구슬의 무게는 모두 같습니다.) 9점

1단계 알고 있는 것 1점

연필 한 자루의 무게와 같은 구슬의 수 : ☐ 개

지우개 한 개의 무게와 같은 연필의 수 : ☐ 자루

2단계 구하려는 것 1점

지우개 ☐ 개의 무게는 ☐ 몇 개의 무게와 같은지 구하려고 합니다.

3단계 문제 해결 방법 2점

지우개 한 개의 무게와 같은 ☐ 수를 구한 후 ☐ 배합니다.

4단계 문제 풀이 과정 3점

연필 한 자루의 무게는 구슬 ☐ 개의 무게와 같고 지우개 한 개의 무게는 연필 ☐ 자루의 무게와 같으므로, 지우개 한 개의 무게는

5 × ☐ = ☐ (개)의 무게와 같습니다.

지우개 3개의 무게는 지우개 한 개의 무게의 3배이므로

☐ × 3 = ☐ (개)의 구슬 무게와 같습니다.

5단계 구하려는 답 2점

STEP 3 스스로 풀어보기 ☆

1. 수직선을 보고 □ 안에 알맞은 수를 구하는 풀이 과정을 쓰고, 답을 구하세요. [10점]

2 kg   ↑□ g   3 kg

풀이

1 kg = [＿＿＿] g이므로 1 kg을 똑같이 10칸으로 나눈 것 중 한 칸은 [＿＿＿] g입니다.

화살표가 가리키는 곳은 2 kg에서 눈금 [＿＿] 칸을 더 간 곳이므로 2 kg보다 [＿＿＿] g 더

무거운 2 kg [＿＿＿] g이고 2 kg [＿＿＿] g = [＿＿＿] g입니다.

따라서 □ 안에 알맞은 수는 [＿＿＿] 입니다.

답 ＿＿＿＿＿＿＿＿＿＿＿＿＿

2. 수직선을 보고 □ 안에 알맞은 수를 구하는 풀이 과정을 쓰고, 답을 구하세요. [15점]

3 kg   4 kg ↑□ g   5 kg

풀이

답 ＿＿＿＿＿＿＿＿＿＿＿＿＿

핵심유형4

☆ 무게의 합과 차

정답 및 풀이 > 20쪽

STEP 1 대표 문제 맛보기

> 호박 한 개의 무게는 2 kg 500 g이고 가지 한 개의 무게는 320 g입니다. 호박 한 개와
> 가지 5개는 모두 몇 kg 몇 g인지 풀이 과정을 쓰고, 답을 구하세요. (8점)

1단계 알고 있는 것 (1점)

호박 한 개의 무게 : ☐ kg ☐ g

가지 한 개의 무게 : ☐ g

2단계 구하려는 것 (1점)

호박 한 개와 가지 ☐ 개는 모두 몇 ☐ 몇 ☐ 인지
구하려고 합니다.

3단계 문제 해결 방법 (2점)

호박 한 개와 가지 5개 무게를 (더합니다 , 뺍니다).

4단계 문제 풀이 과정 (3점)

가지 한 개의 무게는 ☐ g이므로 가지 5개의 무게는

320 × 5 = ☐ (g)입니다.

1600 g=1000 g + 600 g= ☐ kg ☐ g입니다. 호박 한 개의

무게는 ☐ kg ☐ g이고 가지 5개의 무게는 ☐ kg

☐ g이므로 호박 한 개와 가지 5개의 무게는 모두 ☐ kg

☐ g+ ☐ kg ☐ g= ☐ kg ☐ g입니다.

5단계 구하려는 답 (1점)

따라서 호박 한 개와 가지 5개의 무게는 모두 ☐ kg ☐ g
입니다.

5 들이와 무게 • 83

진수가 가방을 메고 무게를 재었더니 38 kg 200 g이었습니다. 가방의 무게가 2 kg 500 g이라면 진수의 몸무게는 몇 kg 몇 g인지 풀이 과정을 쓰고, 답을 구하세요. 9점

1단계 알고 있는 것 1점

진수가 가방을 메고 잰 무게 : ☐ kg ☐ g

2단계 구하려는 것 1점

☐ 의 몸무게는 몇 ☐ 몇 ☐ 인지 구하려고 합니다.

3단계 문제 해결 방법 2점

진수가 가방을 메고 잰 무게에서 ☐ 의 무게를
(더합니다 , 뺍니다).

4단계 문제 풀이 과정 3점

진수가 가방을 메고 잰 무게에서 가방의 무게를 빼면

38 kg ☐ g − ☐ kg ☐ g

= ☐ kg ☐ g입니다.

5단계 구하려는 답 2점

📌 **무게의 합과 차**

☆ kg은 kg끼리 g은 g끼리 더하거나 뺍니다.

☆ g끼리 더했을 때, 1000 g만큼은 1 kg으로 받아올림합니다.

☆ g끼리 뺄 수 없을 때, 1 kg를 1000 g으로 받아내림합니다.

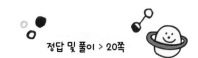

1. 다음과 같은 계산 상자에 2 kg 920 g을 넣으면 나오는 무게는 몇 kg 몇 g인지 풀이 과정을 쓰고, 답을 구하세요. (10점)

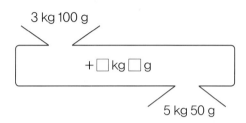

3 kg 100 g

+ □ kg □ g

5 kg 50 g

 풀이

5 kg 50 g − 3 kg 100 g = □ kg □ g이므로 상자에 무게를 넣으면 □ kg

□ g을 더한 값이 나옵니다. 따라서 이 상자에 2 kg 920 g을 넣으면 나오는 무게는

2 kg 920 g + □ kg □ g = □ kg □ g입니다.

답 _____

2. 다음과 같은 계산 상자에 3 kg 110 g을 넣으면 나오는 무게는 몇 kg 몇 g인지 풀이 과정을 쓰고, 답을 구하세요. (15점)

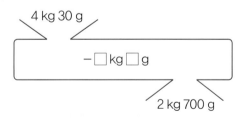

4 kg 30 g

− □ kg □ g

2 kg 700 g

 풀이

답 _____

스스로 문제를 풀어보며 실력을 높여보세요.

 1 유형①+②

일주일 동안 수정이가 마신 우유의 양은 1270 mL이고 성준이가 마신 우유의 양은 2920 mL입니다. 두 사람이 일주일 동안 마신 우유는 모두 몇 L 몇 mL인지 풀이 과정을 쓰고, 답을 구하세요. (20점)

 힌트로 해결 끝!

1 L=1000 mL

 풀이

 단위를 바꾸어 더해도 좋아요.

1270 mL

=1 L 270 mL

2920 mL

=2 L 920 mL

답

 2 유형③+④

다음 세 사람 중 설명이 틀린 사람은 누구인지 풀이 과정을 쓰고, 답을 구하세요. (20점)

 힌트로 해결 끝!

무게의 합과 차를 구해요.

 명준 3 kg 150 g이 5 kg이 되려면 1 kg 850 g이 더 필요해.

우섭 1500 g과 2700 kg을 더하면 4200 kg이야.

형욱 2 kg 100 g에서 1120 g을 빼면 980 g이야.

세 사람이 말한 것을 각각 계산해요.

 풀이

답

3

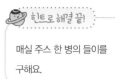
매실 주스 한 병의 들이를
구해요.

매실 주스 한 병에 들어가는 물의 양은 800 mL이고, 매실 원액의 양은 300 mL 입니다. 만든 매실 주스의 양이 모두 6 L 600 mL라면 매실 주스는 모두 몇 병인지 풀이 과정을 쓰고, 답을 구하세요. (단, 병의 크기는 모두 같습니다.) (20점)

답

4

세 무게의 합이 3000 g을
넘지 않게 짝을 지어요.

장바구니에 3 kg까지만 물건을 담을 수 있습니다. 다음 중 3개의 물건을 골라 장바구니에 담을 때, 나올 수 있는 경우는 모두 몇 가지인지 풀이 과정을 쓰고, 답을 구하세요. (20점)

양파	감자	배추	당근
1250 g	550 g	1600 g	400 g

답

정답 및 풀이 > 21쪽

다음은 주어진 들이와 낱말, 조건을 활용해서 만든 문제를 보고 풀이 과정과 답을 구한 것입니다.
어떤 문제였을까요? 거꾸로 문제 만들기, 도전해 볼까요? 15점

> **들이** 2 L 500 mL, 1 L 130 mL
>
> **낱말** 탕수육, 식용유
>
> **조건** 들이의 뺄셈 문제 만들기

★ 힌트 ★
사용하고 남은 식용유의 양을 구하는
질문을 만들어요

문제

풀이

(남은 식용유의 양)

=(처음에 있던 식용유의 양)−(탕수육을 만드는 데 사용한 식용유의 양)

=2 L 500 mL−1 L 130 mL

=1 L 370 mL입니다.

따라서 사용하고 남은 식용유는 1 L 370 mL입니다.

답 ___1 L 370 mL___

6. 자료의 정리

☆ **표에서 알아보기, 표로 나타내기**

STEP 1 대표 문제 맛보기

우리 반 학생들이 좋아하는 간식을 조사하여 나타낸 표입니다. 가장 많은 학생들이 좋아하는 간식은 무엇인지 풀이 과정을 쓰고, 답을 구하세요. (8점)

우리 반 학생들이 좋아하는 간식

간식	떡볶이	햄버거	핫도그	김밥	합계
학생 수(명)	5	4		3	20

1단계 알고 있는 것 (1점)

우리 반 학생들이 좋아하는 ☐ 을 조사하여 나타낸 ☐ 를 알고 있습니다.

2단계 구하려는 것 (1점)

가장 (많은 , 적은) 학생들이 좋아하는 ☐ 은 무엇인지 구하려고 합니다.

3단계 문제 해결 방법 (2점)

☐ 를 좋아하는 학생 수를 구한 후, 간식별 학생 수를 비교하여 가장 (큰 , 작은) 수의 간식이 가장 많은 학생들이 좋아하는 간식입니다.

4단계 문제 풀이 과정 (3점)

(핫도그를 좋아하는 학생 수) = (합계) − (떡볶이를 좋아하는 학생 수)

− (햄버거를 좋아하는 학생 수) − (김밥을 좋아하는 학생 수)

= ☐ − ☐ − ☐ − ☐ = ☐ (명)입니다.

간식별 학생 수를 비교하면 8 > 5 > 4 > 3이므로 학생 수가 가장

(많은 , 적은) 간식은 ☐ 입니다.

5단계 구하려는 답 (1점)

따라서 가장 많은 학생들이 좋아하는 간식은 ☐ 입니다.

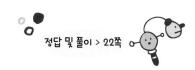

STEP 2 따라 풀어보기 ☆

현지네 반 친구들이 키우고 싶어 하는 애완 동물을 조사한 것을 보고 표를 완성했을 때, 강아지를 키우고 싶어 하는 학생은 구피를 키우고 싶어 하는 학생보다 몇 명 더 많은지 풀이 과정을 쓰고, 답을 구하세요. (9점)

키우고 싶어 하는 애완동물

거북	강아지	고양이	고양이	구피
고양이	거북	고양이	거북	강아지
구피	강아지	구피	강아지	고양이
거북	고양이	강아지	고양이	구피
구피	강아지	구피	거북	강아지

1단계 알고 있는 것 (1점)

키우고 싶어 하는 [ ]을 조사한 것을 알고 있습니다.

2단계 구하려는 것 (1점)

[ ]를 키우고 싶어 하는 학생은 [ ]를 키우고 싶어 하는 학생보다 몇 명 더 많은지 구하려고 합니다.

3단계 문제 해결 방법 (2점)

항목별 조사한 수를 세어 [ ]를 완성하고, 강아지를 키우고 싶어 하는 학생 수에서 [ ]를 키우고 싶어 하는 학생 수를 (더합니다 , 뺍니다).

4단계 문제 풀이 과정 (3점)

조사한 수를 세어 표를 완성하면 다음과 같습니다.

키우고 싶어 하는 애완동물

동물	강아지	거북	구피	고양이	합계
학생 수(명)					25

강아지를 키우고 싶어 하는 학생 수는 [ ]명이고 구피를 키우고 싶어 하는 학생 수는 [ ]명이므로 [ ] − [ ] = [ ] (명)입니다.

5단계 구하려는 답 (2점)

유형 ①

1. 3학년 반별 학생 수를 조사하여 나타낸 표입니다. 4반이 2반보다 4명 더 많을 때, 학생 수가 가장 많은 반은 몇 반인지 풀이 과정을 쓰고, 답을 구하세요. (10점)

3학년 반별 학생 수

반	1	2	3	4	합계
학생 수(명)	25		23		96

풀이

2반과 4반의 학생 수의 합은 96 − 25 − ☐ = ☐ 입니다. 2반 학생 수를 ☐ 명이라

하면 4반 학생 수는 (☐ + ☐)명이므로 ☐ + (☐ + 4) = ☐ 입니다.

☐ + ☐ = ☐ − 4 = ☐ , ☐ = ☐ 이므로 2반은 ☐ 명이고 4반은

☐ 명입니다. 학생 수를 비교하면 ☐ > 25 > ☐ > ☐ 이므로 학생 수가

가장 많은 반은 ☐ 반입니다.

답 _____

2. 아랑이가 가지고 있는 필기구류를 조사하여 나타낸 표입니다. 아랑이가 가지고 있는 볼펜이 연필보다 2자루 더 많을 때 필기구류 중 가장 적은 것은 무엇인지 풀이 과정을 쓰고, 답을 구하세요. (15점)

아랑이가 가지고 있는 필기구류의 수

필기구류	색연필	볼펜	연필	형광펜	합계
수(자루)	10			8	30

풀이

_____

_____

_____

답 _____

STEP 1 대표 문제 맛보기

농장별 키우는 소의 수를 조사한 것을 보고 그림그래프로 나타낸 것입니다. 그림그래프의 빈 곳에 그려야 할 그림은 모두 몇 개인지 풀이 과정을 쓰고, 답을 구하세요. (8점)

농장별 소의 수

농장	소의 수 (마리)
해	320
달	540
별	120
바람	460
합계	1440

→

농장별 소의 수

농장	소의 수
해	🐄🐄🐄🐂🐂
달	
별	🐄🐂🐂
바람	🐄🐄🐄🐄🐄🐂🐂🐂🐂🐂🐂

🐄 100마리
🐂 10마리

1단계 알고 있는 것 (1점)

농장별 키우는 [   ]의 수를 조사한 것과 [   ]를 알고 있습니다. 🐄 : [   ]마리, 🐂 : [   ]마리

2단계 구하려는 것 (1점)

[   ]의 빈 곳에 그려야 할 그림은 모두 몇 개인지 구하려고 합니다.

3단계 문제 해결 방법 (2점)

[   ] 농장의 소의 수를 그림으로 그립니다.

4단계 문제 풀이 과정 (3점)

빈 곳에 그려야 할 것은 달 농장의 소의 수 540마리입니다.

540마리는 🐄은 [   ]개, 🐂은 [   ]개로 그려야 합니다.

그림의 개수를 더하면 5 + [   ] = [   ](개)입니다.

5단계 구하려는 답 (1점)

따라서 그림그래프의 빈 곳에 그려야 할 그림은 모두 [   ]개입니다.

학교에 있는 책의 수를 조사하여 나타낸 그림그래프입니다. 가장 많은 책은 무엇인지 풀이 과정을 쓰고, 답을 구하세요. (9점)

학교에 있는 책의 수

책	책의 수
동화책	📖📖📖
수필집	📖📖📖📖📖
시집	📖📖📖📖📖📖📖📖
위인전	📖📖📖

📖 10권

📖 1권

1단계 알고 있는 것 (1점) 책의 수를 나타낸 [   ]를 알고 있습니다.

📖 : [   ] 권   📖 : [   ] 권

2단계 구하려는 것 (1점) 가장 (많은 , 적은) [   ]은 무엇인지 구하려고 합니다.

3단계 문제 해결 방법 (2점) 큰 그림의 수가 많을수록 책의 수가 (많습니다 , 적습니다).

4단계 문제 풀이 과정 (3점) 큰 그림의 수는 동화책 [   ] 개, 수필집 [   ] 개, 시집 [   ] 개,

위인전 [   ] 개이므로 큰 그림의 수를 비교하면

[   ] > [   ] > 1 > [   ] 입니다. 그러므로 [   ]의 큰 그림의

수가 가장 많습니다.

다른 풀이)

📖 이 [   ] 권, 📖 이 [   ] 권을 나타내므로 동화책은 [   ] 권,

수필집 [   ] 권, 시집 [   ] 권, 위인전 [   ] 권입니다. 책의 수를

비교하면 30 > 21 > [   ] > [   ] 입니다.

5단계 구하려는 답 (2점)

유형 ❷

STEP 3 스스로 풀어보기 ☆

1. 각 마을의 감자 생산량을 그림그래프로 나타낸 것입니다. 감자의 총 생산량이 800 kg일 때 (가) 마을과 (다) 마을의 감자 생산량의 차를 구하는 풀이 과정을 쓰고, 답을 구하세요. (10점)

감자 생산량

마을	생산량
가	🥔🥔🥔
나	🥔🥔🥔🥔🥔
다	
라	🥔🥔🥔🥔🥔

🥔 100 kg
🥔 10 kg

풀이

🥔 은 ☐ kg, 🥔 은 ☐ kg이므로 각 마을의 생산량은 (가) : ☐ kg,(나) : 320 kg, (라) : ☐ kg입니다. 감자 총 생산량이 800 kg이라고 했으므로

(다) 마을의 생산량은 800 - 210 - ☐ - 140 = ☐ (kg)이고, (가) 마을과

(다) 마을의 생산량의 차는 210 - ☐ = ☐ (kg)입니다.

답 _____

2. 어느 공원에 심은 나무의 수를 조사하여 그림그래프로 나타낸 것입니다. 나무의 수가 모두 620그루일 때 가장 많이 심은 나무와 가장 적게 심은 나무 수의 차를 구하는 풀이 과정을 쓰고, 답을 구하세요. (15점)

공원에 심은 나무의 수

나무	나무의 수
느티나무	🌳🌳🌳🌳
느릅나무	🌳🌳🌳🌳🌳🌳
목백합	
마로니에	🌳🌳🌳🌳

🌳 100 그루
🌳 10 그루

풀이

답 _____

①

유형 1+2

힌트로 해결 끝!

그림그래프를 보고 판 사과와 배의 수를 구해요.

(귤의 수)
=(합계)−(사과의 수)−(배의 수)−(감의 수)

어느 과일 도매점에서 하루 동안 판 과일의 수를 나타낸 표를 보고 그림그래프를 그렸습니다. 귤 10개를 800원에 팔았다면 귤을 팔았을 때 받은 돈은 모두 얼마인지 풀이 과정을 쓰고, 답을 구하세요. 20점

하루 동안 판 과일 수

과일	사과	배	감	귤	합계
과일 수(개)			210		600

하루 동안 판 과일 수

과일	과일 수
사과	
배	
감	
귤	

 100개

 10개

풀이

답

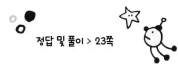

2

힌트로 해결 끝!

빈칸에 알맞은 수를 구해요.

각 반별 학생 수를 조사하여 나타낸 표입니다. 표를 보고 은 10명, 은 1명인 그림그래프로 나타내려고 합니다. 학생 수가 가장 많은 반은 을 몇 개를 그려야 하는지 풀이 과정을 쓰고, 답을 구하세요. (20점)

빈칸에 들어갈 수를 구하는 순서가 서로 다를 수 있어요.

각 반별 학생 수

	1반	2반	3반	4반	합계
남학생 수(명)	15		11	10	50
여학생 수(명)		10	13		46
합계(명)				22	96

 풀이

각 반별 학생 수(그림그래프를 완성해보세요.)

반	학생 수
1반	
2반	
3반	
4반	

10명

1명

답 _____

힌트로 해결 끝!

행복 과수원의 생산량을 먼저 구해요.

과수원별 사과 생산량을 조사하여 나타낸 그림그래프입니다. 총 사과 생산량이 900개일 때, 100개, 50개, 10개인 그림그래프로 나타냈더니

행복 과수원의 사과 생산량은 1개, 1개, 1개였습니다.

사랑 과수원의 생산량은 몇 개인지 풀이 과정을 쓰고, 답을 구하세요. 20점

과수원별 사과 생산량

사랑	믿음
	100개
소망	행복

100개
50개
10개

풀이

답

98

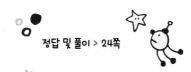

4

네 개의 칫솔 공장에서 하루에 생산하는 칫솔의 양을 조사하여 표와 그림그래프로 나타내었습니다. 네 개의 공장에서 생산한 칫솔을 한 곳에 모아 8개씩 포장하여 판매합니다. 하루에 팔 수 있는 칫솔의 수는 모두 몇 개인지 풀이 과정을 쓰고, 답을 구하세요. 〔20점〕

힌트로 해결 끝!

그림그래프를 보고 (가)와 (라) 공장의 생산량을 구해요.

전체 생산량을 8로 나누어 팔 수 있는 칫솔의 수를 구해요.

칫솔 생산량

공장	(가)	(나)	(다)	(라)	합계
생산량(개)		260	150		

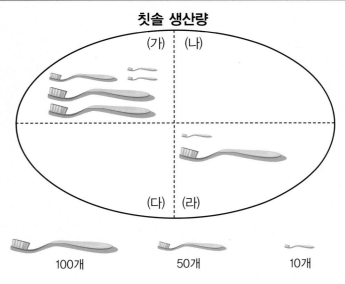
칫솔 생산량

풀이

답

거꾸로 풀며 나만의 문제를 완성해 보세요.

모를 때 찍어봐!

정답 및 풀이 > 24쪽

다음은 주어진 조건과 표를 활용해서 만든 문제를 보고 풀이 과정과 답을 구한 것입니다.
어떤 문제였을까요? 거꾸로 문제 만들기, 도전해 볼까요? (25점)

조건 현장 체험학습 장소로 어디가 좋을지 구하는 문제 만들기

표 현장 체험학습으로 가고 싶어 하는 장소

장소	박물관	과학관	식물원	공연장	합계
정민이네 반	6	4	3	11	24
연서네 반	5	7	2	10	24

★힌트★
가장 많은 학생이 가고 싶은 곳을 가는 게 좋아요

문제

풀이

가고 싶은 장소별 두 반의 학생 수를 합하면 박물관은 11명, 과학관은 11명, 식물원은 5명, 공연장은 21명입니다.

따라서 두 반의 학생 수가 가장 큰 공연장으로 현장 체험학습을 가면 좋을 것 같습니다.

답   공연장

MEMO

MEMO

MEMO

MEMO

초등
수학

한 권으로
서술형
끝

6

초등수학
3-2 과정

넥서스에듀

1단원 곱셈

 핵심유형 **1** (세 자리 수)×(한 자리 수)

STEP 1 ·· P. 12

1단계	295
2단계	2, 노래
3단계	곱합니다
4단계	295, 2, 590
5단계	590

STEP 2 ·· P. 13

1단계	148, 4
2단계	수학여행, 수
3단계	곱합니다
4단계	148, 4 / 148, 4 / 592
5단계	따라서 수학여행을 가는 사람은 모두 592명입니다.

STEP 3 ·· P. 14

❶

풀이   3, 285 / 285, 3, 855

답   855

	세부 내용	점수
풀이 과정	① 어떤 수에 관하여 나타낸 식이 올바를 경우	5
	② 어떤 수를 855로 계산한 경우	4
답	855라고 쓴 경우	1
총점		**10**

❷

풀이   (어떤 수)÷5=336이므로 곱셈과 나눗셈의 관계에 따라
       (어떤 수)=336×5=1680입니다.

답   1680

	세부 내용	점수
풀이 과정	① 어떤 수에 관하여 나타낸 식이 올바를 경우	7
	② 어떤 수를 1680으로 계산한 경우	6
답	1680이라고 쓴 경우	2
총점		**15**

핵심유형 **2** (몇십)×(몇십),
(몇십몇)×(몇십)

STEP 1 ·· P. 15

1단계	30, 40
2단계	달걀
3단계	곱합니다
4단계	달걀 / 30, 40, 1200
5단계	1200

STEP 2 ·· P. 16

1단계	1, 17
2단계	20
3단계	20, 20
4단계	20, 20 / 20, 340
5단계	따라서 큰 톱니바퀴가 20바퀴 돌 때, 작은 톱니바퀴는 340바퀴를 돕니다.

STEP 3 ·· P. 17

❶

풀이   2000, 1350 / 1620, 1600 / 2000, 1620, 1600, 1350 / ㉠

답   ㉠

세부 내용		점수
풀이 과정	① ㉠을 2000으로 계산한 경우	2
	② ㉡을 1350으로 계산한 경우	2
	③ ㉢을 1620으로 계산한 경우	2
	④ ㉣을 1600으로 계산한 경우	2
	⑤ 계산 결과가 가장 큰 것을 ㉠이라고 한 경우	1
답	㉠이라고 쓴 경우	1
총점		10

❷

풀이 ㉠ 62×30=1860   ㉡ 50×35=1750

㉢ 43×40=1720   ㉣ 60×30=1800

1860>1800>1750>1720이므로 계산 결과가 가장 작은 것은 ㉢입니다.

답 ㉢

세부 내용		점수
풀이 과정	① ㉠을 1860으로 계산한 경우	3
	② ㉡을 1750으로 계산한 경우	3
	③ ㉢을 1720으로 계산한 경우	3
	④ ㉣을 1800으로 계산한 경우	3
	⑤ 계산 결과가 가장 작은 것을 ㉢이라고 한 경우	2
답	㉢이라고 쓴 경우	1
총점		15

 **핵심유형❸** (몇)×(몇십몇)

STEP 1

P. 18

1단계 4, 26

2단계 사탕

3단계 곱합니다

4단계 4, 26 / 사탕, 사람 / 4, 26, 104

5단계 104

STEP 2

P. 19

1단계 8, 33

2단계 곶감

3단계 곱합니다

4단계 8, 33 / 8, 33 / 264

5단계 따라서 포장한 곶감의 수는 264개입니다.

STEP 3

P. 20

❶

풀이 23, 161 / 22, 176 / 176, 161, 클립 / 176, 161, 15

답 클립, 15개

세부 내용		점수
풀이 과정	① 수수깡의 수를 161개라고 한 경우	3
	② 클립의 수를 176개라고 한 경우	3
	③ 클립이 15개 더 많다고 한 경우	3
답	클립, 15개라고 쓴 경우	1
총점		10

❷

풀이 3×96=288이므로 ㉠=288이고, 4×78=312이므로 ㉡=312입니다. 312>288이므로 ㉠과 ㉡의 차는 ㉡-㉠=312-288 =24입니다.

답 24

세부 내용		점수
풀이 과정	① ㉠을 288이라고 계산한 경우	5
	② ㉡을 312라고 계산한 경우	5
	③ ㉡-㉠을 24로 계산한 경우	4
답	24라고 쓴 경우	1
총점		15

 제시된 풀이는 **모범답안**이므로 **채점 기준표**를 참고하여 채점하세요.

핵심유형 4 (몇십몇)×(몇십몇)

STEP 1 .... P. 21

1단계 18, 24 / 19, 22

2단계 학생

3단계 학생, 곱합니다

4단계 18, 24, 432 / 19, 22, 418 / 432, 418 / 432, 418, 14

5단계 14

STEP 2 .... P. 22

1단계 28, 18

2단계 차

3단계 곱, 차

4단계 952, 756 / 952, 756 / 952, 756, 196

5단계 따라서 (가)와 (나)의 차는 196입니다.

STEP 3 .... P. 23

❶

풀이 2, 5 / 5, 3 / 십 / 51, 51, 1632 / 52, 52, 1612 / 1632

답 1632

	세부 내용	점수
풀이 과정	① 3과 5를 십의 자리에 놓은 식을 두 개 만든 경우	6
	② 두 식을 바르게 계산한 경우	2
	③ 계산 결과가 가장 클 때의 곱을 1632라고 한 경우	1
답	1632라고 쓴 경우	1
	총점	10

오답 제로를 위한 **채점 기준표**

❷

풀이 3<4<6<7이고 계산 결과가 가장 크려면 7과 6을 두 자리 수의 십의 자리에 각각 놓습니다. 만들 수 있는 곱셈식은 73×64=64×73=4672, 74×63=63×74=4662이므로 계산 결과가 가장 클 때의 곱은 4672입니다.

답 4672

오답 제로를 위한 **채점 기준표**

	세부 내용	점수
풀이 과정	① 6과 7을 십의 자리에 놓은 식을 두 개 만들 경우	8
	② 두 식을 바르게 계산한 경우	4
	③ 계산 결과가 가장 클 때의 곱을 4672라고 한 경우	1
답	4672라고 쓴 경우	2
	총점	15

실력 다지기 .... P. 24

❶

풀이 ㉠ 212×4=848, ㉡ 213×4=852, ㉢ 442×3=1326, ㉣ 208×3=624이므로 1326>852>848>624입니다. 따라서 계산 결과가 가장 큰 것과 가장 작은 것의 합은 1326+624=1950입니다.

답 1950

오답 제로를 위한 **채점 기준표**

	세부 내용	점수
풀이 과정	① ㉠을 848로 계산한 경우	4
	② ㉡을 852로 계산한 경우	4
	③ ㉢을 1326으로 계산한 경우	4
	④ ㉣을 624로 계산한 경우	4
	⑤ 계산 결과가 가장 큰 것과 가장 작은 것의 합을 1950이라고 한 경우	2
답	1950이라고 쓴 경우	2
	총점	20

❷

풀이

```
          4              6 2
  ×     5 3      ×       5 0
        1 2        3 1 0 0
      2 0 0
      2 1 2
```

이므로

㉠=200, ㉡=212, ㉢=3100입니다.

따라서 ㉢-㉠-㉡=3100-200-212=2688입니다.

답 2688

채점 기준표 오답 제로를 위한

	세부 내용	점수
풀이 과정	① ㉠을 200으로 계산한 경우	5
	② ㉡을 212로 계산한 경우	5
	③ ㉢을 3100으로 계산한 경우	5
	④ ㉢-㉠-㉡을 2688로 계산한 경우	3
답	2688이라고 쓴 경우	2
	총점	20

❸

풀이 ○는 자연수 중 가장 작은 짝수이므로 2이고, △는 ○보다 1만큼 더 큰 수이므로 2+1=3입니다. □는 △보다 6만큼 더 큰 수이므로 3+6=9입니다. 따라서 □△○×□=932×9=8388입니다.

답 8388

채점 기준표 오답 제로를 위한

	세부 내용	점수
풀이 과정	① ○를 2라고 한 경우	4
	② △를 3이라고 한 경우	4
	③ □를 9라고 한 경우	4
	④ □△○×□를 8388로 계산한 경우	6
답	8388이라고 쓴 경우	2
	총점	20

❹

풀이 900-846=54이므로 볼펜 한 자루를 54원 싸게 살 수 있습니다. 산 볼펜의 수를 □자루라고 하면 54×□=486이고 □ 안에 들어갈 수는 9이므로 볼펜 9자루를 산 것입니다. 따라서 볼펜 값으로 지불한 금액은 846×9=7614(원)입니다.

답 7614원

채점 기준표 오답 제로를 위한

	세부 내용	점수
풀이 과정	① 900-846을 쓴 경우	3
	② 900-846을 54로 계산한 경우	3
	③ 54×□=486의 식을 세운 경우	4
	④ □=9라고 한 경우	4
	⑤ 볼펜 값으로 지불한 금액을 바르게 계산한 경우	4
답	7614원이라고 쓴 경우	2
	총점	20

나만의 문제 만들기

P. 26

문제 책꽂이 한 칸에 374권의 책을 꽂으려고 합니다. 책꽂이 4칸에 꽂으려면 모두 몇 권의 책이 필요한지 구하려고 합니다. 풀이 과정을 쓰고, 답을 구하세요.

채점 기준표 오답 제로를 위한

	세부 내용	점수
문제	① 374권, 4칸을 표현한 경우	8
	② (세 자리 수)×(한 자리 수) 문제를 만든 경우	7
	총점	15

제시된 풀이는 **모범답안**이므로
채점 기준표를 참고하여 채점하세요.

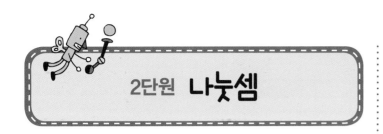

2단원 나눗셈

 **핵심유형1** (몇십)÷(몇)

STEP 1 .... P. 28

1단계 75, 60, 5, 6

2단계 몫, 같은

3단계 같은

4단계 75, 15 / 60, 12 / 5, 16 / 6, 15

5단계 ㉠, ㉣

STEP 2 .... P. 29

1단계 70, 50, 5, 5

2단계 몫, 큰

3단계 큰

4단계 70, 35 / 50, 25 / 5, 14 / 5, 18 / 35, 25, 14

5단계 따라서 몫이 가장 큰 것은 ㉠입니다.

STEP 3 .... P. 30

❶

풀이 28 / 28, 72 / 72 / 72, 12

답 12권

오답 제로를 위한 **채점 기준표**

	세부 내용	점수
풀이 과정	① 남은 공책의 수를 72권이라고 한 경우	3
	② 72÷6을 쓰고 값을 바르게 구한 경우	3
	③ 한 사람이 가질 수 있는 공책이 12권이라고 한 경우	3
답	12권이라고 쓴 경우	1
	총점	10

❷

풀이 2장씩 10묶음은 2×10=20(장)이므로 사용하고 남은 도화지의 수는 80-20=60(장)입니다. 따라서 사용하고 남은 60장을 4장씩 묶으면 60÷4=15(묶음)입니다.

답 15묶음

오답 제로를 위한 **채점 기준표**

	세부 내용	점수
풀이 과정	① 남은 도화지의 수를 60장이라고 한 경우	5
	② 60÷4를 쓰고 그 값을 바르게 구한 경우	5
	③ 모두 15묶음이 된다고 쓴 경우	3
답	15묶음이라고 쓴 경우	2
	총점	15

 **핵심유형2** (몇십몇)÷(몇)

STEP 1 .... P. 31

1단계 84, 4

2단계 밤

3단계 나눕니다

4단계 84, 4 / 21

5단계 21

STEP 2 .... P. 32

1단계 7, 8, 4

2단계 연필

3단계 연필, 나눕니다

4단계 12, 12 / 84, 8 / 84, 92, 92 / 92, 23

5단계 따라서 한 사람이 갖는 연필의 수는 23자루입니다.

STEP 3 .... P. 33

❶

풀이 51, 62, 73, 84 / 84, 84, 84 / 12

답 12

오답 제로를 위한 **채점 기준표**

세부 내용		점수
풀이 과정	① 45보다 크고 90보다 작은 수 중 십의 자리 숫자가 일의 자리 숫자보다 4만큼 더 큰 수를 바르게 찾은 경우	4
	② 십의 자리 숫자와 일의 자리 숫자를 더하여 12가 되는 수를 바르게 찾은 경우	3
	③ 84÷7=12라 한 경우	2
답	12라고 쓴 경우	1
총점		10

❷

풀이 70보다 크고 90보다 작은 수 중 십의 자리 숫자가 일의 자리 숫자보다 1만큼 더 큰 수는 76, 87이고 이 중 십의 자리 숫자와 일의 자리 숫자의 합이 13인 것은 76입니다. 따라서 76을 2로 나누면 76÷2=38입니다.

답 38

오답 제로를 위한 **채점 기준표**

세부 내용		점수
풀이 과정	① 70보다 크고 90보다 작은 수 중 십의 자리 숫자가 일의 자리 숫자보다 1만큼 더 큰 수를 바르게 찾은 경우	6
	② 십의 자리 숫자와 일의 자리 숫자의 합이 13이 되는 수를 바르게 찾은 경우	4
	③ 76÷2=38이라 한 경우	3
답	38이라고 쓴 경우	2
총점		15

핵심유형 ③ (세 자리 수)÷(한 자리 수)

STEP 1 .... P. 34

1단계	268, 504
2단계	자연수
3단계	자연수
4단계	67, 72 / 67, 72 / 68, 69, 70, 71
5단계	4

STEP 2 .... P. 35

1단계	456, 774
2단계	100, 자연수
3단계	100, 자연수
4단계	76, 86, 76 / 86 / 87, 88, 89
5단계	따라서 □ 안에 공통으로 들어갈 수 있는 자연수는 모두 14개입니다.

STEP 3 .... P. 36

❶

풀이 885, 5, 177 / 177, 531

답 531번

오답 제로를 위한 **채점 기준표**

세부 내용		점수
풀이 과정	① 현지가 하루에 한 줄넘기의 수를 177번이라고 한 경우	4
	② 현지가 3일 동안 한 줄넘기의 수를 531번이라고 한 경우	5
답	531번이라고 쓴 경우	1
총점		10

❷

풀이 (현성이네 반 학생들이 하루 동안 마신 우유의 수)=132÷6=22(갑)입니다. 따라서 현성이네 반 학생들이 4일 동안 마신 우유는 22×4=88(갑)입니다.

답 88갑

오답 제로를 위한 **채점 기준표**

세부 내용		점수
풀이 과정	① 현성이네 반 학생들이 하루 동안 마신 우유의 수를 22갑이라고 한 경우	6
	② 현성이네 반 학생들이 4일 동안 마신 우유를 88갑이라고 한 경우	7
답	88갑이라고 쓴 경우	2
총점		15

제시된 풀이는 **모범답안**이므로
채점 기준표를 참고하여 채점하세요.

 **계산이 맞는지 확인하기**

P. 37

STEP 1

1단계	8, 12, 1
2단계	어떤
3단계	몫, 나머지
4단계	몫, 나머지 / 12, 12, 96 / 96, 97
5단계	97

P. 38

STEP 2

1단계	700, 12, 3
2단계	100
3단계	몫, 나머지
4단계	12 / 12, 84, 84, 87 / 87
5단계	따라서 처음 연지가 가지고 있던 100원짜리 동전의 수는 87개입니다.

P. 39

STEP 3

❶

풀이 큰 / 6, 5 / 258, 5, 263 / 263

답 263

채점 기준표

	세부 내용	점수
풀이 과정	① ★<6임을 나타낸 경우	3
	② ★=5라고 쓴 경우	3
	③ □=263이라고 쓴 경우	3
답	263이라고 쓴 경우	1
	총점	10

❷

풀이 □ 안에 들어갈 수 중 가장 큰 수는 ★이 가장 큰 경우입니다. 나머지는 나누는 수보다 작아야 하므로 ★<7이고 이 중 가장 큰 수 6이 ★일 때 □ 안에 들어갈 수가 가장 큽니다. 7×28=196, 196+6=202이므로 □ 안에 들어갈 수 중 가장 큰 수는 202입니다.

답 202

채점 기준표

	세부 내용	점수
풀이 과정	① ★<7임을 나타낸 경우	5
	② ★=6이라고 쓴 경우	5
	③ □=202라고 쓴 경우	3
답	202라고 쓴 경우	2
	총점	15

P. 40

❶

풀이 네 수 중에서 두 수를 골라 만들 수 있는 나누어떨어지는 나눗셈은 4와 80, 6과 90을 고른 경우입니다. 80÷4=20, 90÷6=15이므로 나눗셈의 몫의 차는 20-15=5입니다.

답 5

채점 기준표

	세부 내용	점수
풀이 과정	① 80÷4, 90÷6의 두 식을 세운 경우	10
	② 나눗셈의 몫을 바르게 구한 경우	4
	③ 몫의 차를 5라 한 경우	4
답	5라고 쓴 경우	2
	총점	20

❷

풀이 35÷3=11…2, 36÷3=12, 37÷3=12…1, 38÷3=12…2, 39÷3=13, 40÷3=13…1, 41÷3=13…2, 42÷3=14, 43÷3=14…1, 44÷3=14…2이므로 이 중 3으로 나누었을 때 나머지가 0인 수는 나누어떨어지는 수로 36, 39, 42로 3개입니다.

답 3개

채점 기준표

	세부 내용	점수
풀이 과정	① 35부터 44까지의 수를 3으로 나누어 몫과 나머지를 구한 경우	12
	② 3으로 나누었을 때, 나머지가 0인 수를 36, 39, 42로 3개라 한 경우	6
답	3개라고 쓴 경우	2
		20

❸

풀이 두 자리 수 중 가장 큰 수는 99입니다. 99÷3=33, 98÷3=32…2, 97÷3=32…1, 96÷33…2, 95÷3=31…2, ……이므로 어떤 두 자리 수를 3으로 나누었을 때 나머지가 2인 수를 큰 수부터 나타내면 98, 95, 92, 89, 86, 83,……입니다. 99÷4=24…3, 98÷4=24…2, 97÷4=24…1, 96÷4=24, 95÷4=23…3,……이므로 4로 나누었을 때 나머지가 3인 수를 큰 수부터 나타내면 99, 95, 91, 87, 83,……입니다. 따라서 어떤 두 자리 수 중 가장 큰 수는 95입니다.

답 95

오답 제로를 위한 **채점 기준표**

	세부 내용	점수
풀이 과정	① 어떤 두 자리 수를 3으로 나누었을 때, 나머지가 2인 수들을 바르게 나타낸 경우	6
	② 어떤 두 자리 수를 4로 나누었을 때, 나머지가 3인 수들을 바르게 나타낸 경우	6
	③ 조건을 만족하는 가장 큰 수가 95라고 쓴 경우	6
답	95라고 쓴 경우	2
총점		20

❹

풀이 원 모양의 호수 둘레는 나무 사이의 간격에 나무의 수를 곱하면 56×8=448 (m)입니다. 이 호수 둘레에 7 m 간격으로 깃발을 꽂는다면 깃발의 수는 (호수 둘레)÷(깃발 사이의 간격)이므로 448÷7=64(개)입니다.

답 64개

오답 제로를 위한 **채점 기준표**

	세부 내용	점수
풀이 과정	① 56×8을 쓰고 바르게 계산한 경우	6
	② 448÷7을 쓰고 바르게 계산한 경우	6
	③ 깃발의 수를 64개라고 쓴 경우	6
답	64개라고 쓴 경우	2
		20

P. 42

문제 컵케이크 95개를 4상자에 똑같이 나누어 담을 때 남는 컵케이크의 수는 몇 개인지 풀이 과정을 쓰고 답을 구하세요.

오답 제로를 위한 **채점 기준표**

	세부 내용	점수
문제	① 컵케이크, 95개, 4상자를 표현한 경우	8
	② 나머지가 있는 (몇십몇)÷(몇) 문제를 만든 경우	7
총점		15

제시된 풀이는 모범답안이므로 채점 기준표를 참고하여 채점하세요.

3단원 원

 **핵심유형 1** 원의 중심, 반지름, 지름

STEP 1 .... P. 44

1단계 반지름, 지름, 중심, 중심

2단계 기호

3단계 잘못

4단계 중심 / 지름, ㅇㄷ / 중심, 안

5단계 ㉠, ㉡

STEP 2 .... P. 45

1단계 띠 종이

2단계 작은

3단계 짧을수록

4단계 반지름, 짧을수록, 짧은

5단계 따라서 가장 작은 원을 그리려면 연필을 ㉠에 꽂아야 합니다.

STEP 3 .... P. 46

❶

풀이 5, 4 / ㄱㄴ, 4, 20

답 20

오답 제로를 위한 **채점 기준표**

	세부 내용	점수
풀이 과정	① 선분 ㄱㄴ의 길이가 원의 반지름의 4배라고 한 경우	6
	② 선분 ㄱㄴ의 길이를 20 cm로 나타낸 경우	3
답	20 cm라고 쓴 경우	1
	총점	10

❷

풀이 3개의 원의 지름은 4 cm로 모두 같습니다. 선분 ㄱㄴ은 원의 지름의 3배와 같으므로 선분 ㄱㄴ의 길이는 4× 3=12 (cm)입니다.

답 12 cm

오답 제로를 위한 **채점 기준표**

	세부 내용	점수
풀이 과정	① 선분 ㄱㄴ의 길이가 원의 지름의 3배라고 한 경우	8
	② 선분 ㄱㄴ의 길이를 12 cm로 나타낸 경우	5
답	12 cm라고 쓴 경우	2
	총점	15

 **핵심유형 2** 원의 성질

STEP 1 .... P. 47

1단계 12, 7, 8

2단계 큰, 기호

3단계 길수록

4단계 6, 7, 8 / 7, 8 / ㉢

5단계 ㉢

STEP 2 .... P. 48

1단계 20, 4

2단계 합

3단계 지름, 2 / 반지름, 2

4단계 2 / 2, 10 / 2, 8 / 10, 8 / 10, 8, 18

5단계 따라서 □와 ○ 안에 들어갈 수들의 합은 18입니다.

STEP 3 .... P. 49

❶

풀이 8, 지름 / 반지름, 8, 5

답 5 cm

	채점 기준표	
	세부 내용	점수
풀이 과정	① 가장 작은 원의 반지름의 길이의 8배와 가장 큰 원의 지름이 같다고 한 경우	4
	② 가장 작은 원의 반지름의 길이를 5 cm라고 한 경우	5
답	5 cm라고 쓴 경우	1
	총점	10

❷

풀이 선분 ㄱㄴ은 큰 원의 지름과 같습니다. 큰 원의 지름은 작은 원의 지름의 2배와 같으므로 선분 ㄱㄴ의 길이는 10×2=20 (cm)입니다.

답 20 cm

	채점 기준표	
	세부 내용	점수
풀이 과정	① 큰 원의 지름이 작은 원의 지름의 길이의 2배라고 한 경우	7
	② 선분 ㄱㄴ의 길이를 20 cm라고 한 경우	6
답	20 cm라고 쓴 경우	2
	총점	15

 **핵심유형❸** 원을 이용하여 여러 가지 모양 그리기

STEP ❶ P. 50

1단계

2단계 침, 군데

3단계 중심

4단계 중심, 중심 / 1, 2, 3

5단계 3

STEP ❷ P. 51

1단계 규칙, 모눈

2단계 네, 지름

3단계 반지름

4단계 1, 3, 1 / 4 / 4, 8

5단계 따라서 네 번째로 그려야 할 원의 지름은 8 cm입니다.

STEP ❸ P. 52

❶

풀이

3, ②

답 ②

	채점 기준표	
	세부 내용	점수
풀이 과정	① ①에 원의 중심 1개라 한 경우	2
	② ②에 원의 중심 3개라 한 경우	2
	③ ③에 원의 중심 5개라 한 경우	2
	④ ④에 원의 중심 2개라 한 경우	2
	⑤ 원의 중심이 3개인 것을 ②라 한 경우	1
답	②라고 쓴 경우	1
	총점	10

❷

풀이 각 그림에서 원의 중심은 다음과 같습니다.

따라서 원의 중심은 모두 2+3+1=6(개)입니다.

답 6개

	채점 기준표	
	세부 내용	점수
풀이 과정	① 첫 번째 원의 중심을 2개라 한 경우	3
	② 두 번째 원의 중심을 3개라 한 경우	3
	③ 세 번째 원의 중심을 1개라 한 경우	3
	④ 원의 중심이 모두 6개라고 한 경우	4
답	6개라고 쓴 경우	2
	총점	15

제시된 풀이는 **모범답안**이므로 **채점 기준표**를 참고하여 채점하세요.

1

풀이 원 (가)의 반지름이 16 cm이므로 지름은 16×2=32 (cm)입니다. 원 (나)의 반지름은 원 (가)의 지름의 $\frac{1}{4}$이므로 32 cm의 $\frac{1}{4}$은 8 cm입니다. 따라서 원 (가)의 지름과 원 (나)의 반지름의 합은 32+8=40 (cm)입니다.

답 40 cm

오답 제로를 위한 **채점 기준표**

	세부 내용	점수
풀이 과정	① 원 (가)의 지름이 32 cm라고 한 경우	7
	② 원 (나)의 반지름의 길이가 8 cm라고 한 경우	7
	③ 원 (가)의 지름과 원 (나)의 반지름의 합이 40 cm라고 한 경우	4
답	40 cm라고 쓴 경우	2
	총점	20

2

풀이 선분은 두 점을 곧게 이은 선이므로 민수가 그은 것은 선분이 아닙니다. 원 위의 두 점을 이은 선분 중 길이가 가장 긴 것은 원의 중심을 지나는 선분, 즉 지름입니다. 따라서 길이가 가장 긴 선분을 그은 사람은 윤아입니다.

답 윤아

오답 제로를 위한 **채점 기준표**

	세부 내용	점수
풀이 과정	① 원 위의 두 점을 이은 선분 중 길이가 가장 긴 것은 원의 지름이라 한 경우	7
	② 길이가 가장 긴 선분을 그은 사람을 윤아라고 한 경우	6
답	윤아라고 쓴 경우	2
	총점	15

3

풀이 원 모양 시계를 7개 걸 수 있으므로 벽과 시계 사이, 시계와 시계 사이의 간격의 수는 8군데입니다. 2 m 20 cm=220 cm이고, 간격은 10 cm이므로 (원 모양 시계 7개의 지름의 합)=(벽의 긴 쪽의 길이)−(8군데의 간격)=220−80=140 (cm)입니다. 따라서 시계 한 개의 지름은 140÷7=20 (cm)이고 시계 한 개의 반지름은 20÷2=10 (cm)입니다.

답 10 cm

오답 제로를 위한 **채점 기준표**

	세부 내용	점수
풀이 과정	① 시계와 시계 사이의 간격의 수를 8군데라고 한 경우	6
	② 시계 7개의 지름의 합을 140 cm라고 한 경우	4
	③ 시계 한 개의 지름을 20 cm라고 한 경우	4
	④ 시계 한 개의 반지름의 길이를 10 cm라고 한 경우	4
답	10 cm라고 쓴 경우	2
	총점	20

4

풀이 한 원에서 반지름은 모두 같으므로 사각형의 네 변에는 1 cm, 2 cm, 3 cm, 5 cm 가 각각 2개씩 있습니다. 따라서 네 변의 길이의 합은 1+1+2+2+3+3+5+5=22 (cm)입니다.

답 22 cm

오답 제로를 위한 **채점 기준표**

	세부 내용	점수
풀이 과정	① 한 원에서 반지름의 길이가 모두 같다고 한 경우	4
	② 사각형의 네 변에 1 cm, 2 cm, 3 cm, 5 cm 가 각각 2개씩 있다고 한 경우	4
	③ 네 변의 길이의 합을 22 cm라고 한 경우	5
답	22 cm라고 쓴 경우	2
	총점	15

5

풀이 10원, 100원, 500원, 50원짜리가 반복되므로 동전 10개를 놓으면 10원짜리 3개, 100원짜리 3개, 500원짜리 2개, 50원짜리 2개가 놓입니다. 동전 한쪽 끝에서 다른 쪽 끝까지 잰 길이 중 가장 긴 길이는 모든 동전의 지름의 합과 같습니다. 10원짜리 동전 3개의 지름의 합은 11×2×3=66 (mm), 100원짜리 동전 3개의 지름의 합은 12×2×3=72 (mm), 500원짜리 동전 2개의 지름의 합은 13×2×2=52 (mm), 50원짜리 동전 2개의 지름의 합은 9×2×2=36 (mm)이므로 66+72+52+36=226 (mm)입니다. 226 mm=22.6 cm이므로 동전 한쪽 끝에서 다른 쪽 끝까지 잰 길이 중 가장 긴 길이는 약 22.6 cm입니다.

답 약 22.6 cm

	세부 내용	점수
풀이 과정	① 동전 10개를 놓았을 때, 각 동전의 개수를 바르게 표현한 경우	5
	② 각 동전의 지름을 바르게 나타낸 경우	5
	③ 각 동전의 지름의 길이의 합을 바르게 나타낸 경우	5
	④ 모든 동전의 지름의 길이의 합을 바르게 나타낸 경우	5
	⑤ 가장 긴 길이를 약 22.6 cm라고 한 경우	3
답	약 22.6 cm라고 나타낸 경우	2
총점		**25**

나만의 문제 만들기 ⋯⋯⋯⋯⋯⋯⋯⋯⋯⋯ P. 56

문제 다음 중 가장 큰 원이 무엇인지 기호를 쓰려고 합니다.
풀이 과정을 쓰고, 답을 구하세요.

> ㉠ 반지름이 14 cm인 원
> ㉡ 지름이 27 cm인 원
> ㉢ 반지름이 5 cm의 3배인 원

	세부 내용	점수
문제	① 14, 27, 5, 3을 표현한 경우	5
	② 원, 지름, 반지름을 표현한 경우	5
	③ 원의 성질 문제를 만든 경우	5
총점		**15**

제시된 풀이는 **모범답안**이므로
채점 기준표를 참고하여 채점하세요.

4단원 분수

 **핵심유형 1** 분수만큼 알아보기

STEP 1 .... P. 58

1단계 48

2단계 작은지

3단계 분자

4단계 6 / 8, 8 / 8, 8 / 3, 6 / 6, 18, 18 / 18, 10

5단계 10

STEP 2 .... P. 59

1단계 4

2단계 4, cm

3단계 400, 400

4단계 400, 400 / 2, 400, 80 / 160 / 400, 160

5단계 따라서 4 m의 $\frac{2}{5}$는 160 cm입니다.

STEP 3 .... P. 60

❶

풀이　3, 2 / 36, 36, 18 / 3, 54

답　54

	세부 내용	점수
풀이 과정	① 어떤 수의 $\frac{1}{3}$을 18이라 한 경우	3
	② 어떤 수를 구하는 식 18×3을 나타낸 경우	3
	③ 어떤 수를 54라고 한 경우	3
답	54라고 쓴 경우	1
총점		10

❷

풀이　어떤 수의 $\frac{4}{5}$는 어떤 수를 똑같이 5묶음으로 묶은 것 중 4묶음이고 어떤 수의 $\frac{4}{5}$가 72이므로 어떤 수의 $\frac{1}{5}$은 72÷4=18입니다. 따라서 어떤 수는 18×5=90입니다.

답　90

	세부 내용	점수
풀이 과정	① 어떤 수의 $\frac{1}{5}$을 18이라 한 경우	5
	② 어떤 수 구하는 식을 18×5로 나타낸 경우	5
	③ 어떤 수를 90이라고 한 경우	3
답	90이라고 쓴 경우	2
총점		15

 **핵심유형 2** 진분수, 가분수, 자연수

STEP 1 .... P. 61

1단계 3, 6

2단계 진분수, 가분수

3단계 진분수, 가분수

4단계 3, 3, 4, 3, 4, 5 / 4, 5, 6, 5, 6, 6

5단계 6

STEP 2 .... P. 62

1단계 3, 6, 8

2단계 자연수

3단계 자연수

4단계 3, 4, 6, 8, 4 / 6, 8, 6, 8, 8 / 4, 6, 8, 6, 8

5단계 따라서 만들 수 있는 가분수 중 자연수로 나타낼 수 있는 것은 5개입니다.

STEP 3 .... P. 63

❶

풀이　2, 2, 1 / 6, 8, 12, 8, 7 / 가분수, 진분수, 2

답　가분수, 2개

세부 내용		점수
풀이 과정	① 진분수를 바르게 찾은 경우 / $\frac{2}{5}$, $\frac{2}{4}$, $\frac{1}{8}$	3
	② 가분수를 바르게 찾은 경우 / $\frac{6}{3}$, $\frac{8}{4}$, $\frac{12}{3}$, $\frac{8}{8}$, $\frac{7}{2}$	3
	③ 가분수가 진분수보다 2개 더 많다고 한 경우	3
답	가분수, 2개라고 쓴 경우	1
총점		10

❷

풀이 분모가 8인 진분수는 $\frac{1}{8}$, $\frac{2}{8}$, $\frac{3}{8}$, $\frac{4}{8}$, $\frac{5}{8}$, $\frac{6}{8}$, $\frac{7}{8}$로 모두 7개이고, 분자가 7인 가분수는 $\frac{7}{2}$, $\frac{7}{3}$, $\frac{7}{4}$, $\frac{7}{5}$, $\frac{7}{6}$, $\frac{7}{7}$로 모두 6개입니다. 따라서 진분수가 7-6=1(개) 더 많습니다.

답 진분수, 1개

세부 내용		점수
풀이 과정	① 분모가 8인 진분수가 7개라고 한 경우	5
	② 분자가 7인 가분수가 6개라고 한 경우	5
	③ 진분수가 1개 더 많다고 한 경우	3
답	진분수, 1개라고 쓴 경우	2
총점		15

 핵심유형❸ 대분수

STEP❶ .... P. 64

1단계 $3\frac{7}{\triangle}$

2단계 9, 분모

3단계 자연수, 진분수

4단계 진분수 / 진분수, 7 / 8, 9

5단계 8, 9

STEP❷ .... P. 65

1단계 $2\frac{\triangle}{6}$

2단계 분자, 합

3단계 자연수, 진분수

4단계 진분수 / 진분수 / 1, 3, 4 / 1, 3, 4

5단계 따라서 대분수의 분자가 될 수 있는 수들의 합은 15입니다.

STEP❸ .... P. 66

❶

풀이 6, $\frac{6}{5}$ / 6 / $\frac{12}{3}$, $\frac{2}{3}$, $4\frac{2}{3}$ / 4 / 6, 4, 4, 14

답 14

세부 내용		점수
풀이 과정	① ♥를 6이라고 한 경우	3
	② ★을 4라고 한 경우	3
	③ ♥+★+★을 14라고 한 경우	3
답	14라고 쓴 경우	1
총점		10

❷

풀이 $\frac{19}{5}$에서 $\frac{15}{5}$=3이고 나머지 $\frac{4}{5}$를 대분수의 분수 부분으로 하면 $\frac{19}{5}$=$3\frac{4}{5}$입니다. → ◆=4

$2\frac{2}{6}$에서 2=$\frac{12}{6}$이므로 $2\frac{2}{6}$는 $\frac{1}{6}$이 14개인 분수로 $2\frac{2}{6}$=$\frac{14}{6}$입니다. → ▲=14

따라서 ◆×▲×◆=4×14×4=56×4=224입니다.

답 224

세부 내용		점수
풀이 과정	① ◆를 4라고 한 경우	4
	② ▲를 14라고 한 경우	4
	③ ◆×▲×◆를 224라고 한 경우	5
답	224라고 쓴 경우	2
총점		15

 제시된 풀이는 **모범답안**이므로 채점 기준표를 참고하여 채점하세요.

핵심유형 4 · 분모가 같은 분수의 크기 비교

STEP 1 ·································· P. 67

1단계 $\dfrac{11}{8}$, $1\dfrac{1}{8}$

2단계 긴

3단계 가분수, 같은

4단계 $\dfrac{11}{8}$, $\dfrac{8}{8}$ / $1\dfrac{3}{8}$ 분자 / 3, 1 / >

5단계 빨간

STEP 2 ·································· P. 68

1단계 $\dfrac{13}{7}$, $\dfrac{14}{7}$, $\dfrac{15}{7}$, $2\dfrac{6}{7}$, $\dfrac{18}{7}$, $2\dfrac{5}{7}$

2단계 $2\dfrac{2}{7}$, 큰

3단계 대분수, 가분수

4단계 분자, $2\dfrac{2}{7}$ / $2\dfrac{6}{7}$, $2\dfrac{5}{7}$ / 16, $\dfrac{18}{7}$

5단계 따라서 주어진 분수 중 $2\dfrac{2}{7}$보다 큰 분수는 $2\dfrac{6}{7}$, $\dfrac{18}{7}$, $2\dfrac{5}{7}$입니다.

STEP 3 ·································· P. 69

❶

풀이 $\dfrac{21}{7}$, $\dfrac{23}{7}$ / $\dfrac{23}{7}$, 23 / 24, 25, 26 / 26

답 26

오답 제로를 위한 **채점 기준표**

	세부 내용	점수
풀이 과정	① $3\dfrac{2}{7}$를 가분수로 바르게 나타낸 경우	2
	② 분자를 비교하여 23<□로 나타낸 경우	3
	③ □ 안에 들어갈 수를 바르게 찾은 경우	2
	④ □ 안에 들어갈 수 중에서 세 번째로 작은 수를 26이라고 한 경우	2
답	26이라고 쓴 경우	1
	총점	10

❷

풀이 $4\dfrac{4}{9}$에서 $4=\dfrac{36}{9}$이므로 $4\dfrac{4}{9}$를 가분수로 나타내면 $\dfrac{40}{9}$입니다. $\dfrac{\square}{9}<\dfrac{40}{9}$이므로 분자를 비교하면 □<40입니다. 따라서 □ 안에 들어갈 수 있는 수는 39, 38, 37, …이고, 두 번째로 큰 수는 38입니다.

답 38

오답 제로를 위한 **채점 기준표**

	세부 내용	점수
풀이 과정	① $4\dfrac{4}{9}$를 가분수로 바르게 나타낸 경우	4
	② □<40으로 나타낸 경우	4
	③ □ 안에 들어갈 수 있는 가장 큰 수를 39라고 한 경우	2
	④ □ 안에 들어갈 수 있는 수 중에서 두 번째로 큰 수를 38이라고 한 경우	3
답	38이라고 쓴 경우	2
	총점	15

실력 다지기 ·································· P. 70

❶

풀이 2<3<5<6<8이고 분모가 8인 가장 작은 대분수의 자연수는 2이므로 만들 수 있는 가장 작은 대분수는 $2\dfrac{3}{8}$입니다. 따라서 2, 3, 8을 이용하고 남은 수 카드의 수는 5와 6이므로 만들 수 있는 가분수는 $\dfrac{6}{5}$입니다.

답 $\dfrac{6}{5}$

오답 제로를 위한 **채점 기준표**

	세부 내용	점수
풀이 과정	① 분모가 8인 가장 작은 대분수를 $2\dfrac{3}{8}$이라고 한 경우	9
	② 2, 3, 8을 이용하고 남은 카드로 만든 가분수가 $\dfrac{6}{5}$일 경우	9
답	$\dfrac{6}{5}$이라고 쓴 경우	2
	총점	20

❷

풀이   분모를 □라 하면 분자는 □+4입니다. □+□+4=22, □+
□=18, □=9이므로 분모가 9이고 분자가 13인 ㉠=$\frac{13}{9}$
입니다. $\frac{13}{9}$을 대분수로 나타내면 $\frac{13}{9}$에서 $\frac{9}{9}$=1이므로
나머지 $\frac{4}{9}$를 대분수의 분수 부분으로 하여 나타내면
$\frac{13}{9}$=1$\frac{4}{9}$입니다. $\frac{13}{9}$(=1$\frac{4}{9}$)<1$\frac{6}{9}$이므로 ㉠과 1$\frac{6}{9}$ 중
더 큰 수는 1$\frac{6}{9}$입니다.

답   1$\frac{6}{9}$

오답 제로를 위한 **채점 기준표**

	세부 내용	점수
풀이 과정	① ㉠을 $\frac{13}{9}$이라고 한 경우	6
	② $\frac{13}{9}$을 대분수로 바르게 나타낸 경우	6
	③ ㉠과 1$\frac{6}{9}$을 바르게 크기 비교한 경우	6
답	1$\frac{6}{9}$이라고 쓴 경우	2
	총점	20

❸

풀이   800을 똑같이 5묶음으로 묶은 것 중 한 묶음은 800÷5
=160이고 800의 $\frac{3}{5}$은 160×3=480이므로 당근 한 개의 값은
480원, 당근 3개의 값은 480×3=1440(원)입니다. 무 반
개는 $\frac{1}{2}$개와 같으므로 무 1$\frac{1}{2}$개=$\frac{3}{2}$개입니다. 무 $\frac{1}{2}$개가 700
원이므로 무 1$\frac{1}{2}$개는 700×3=2100(원)입니다. 따라서 당
근 3개와 무 1$\frac{1}{2}$개를 사고 내야 할 돈은 1440+2100=3540
(원)입니다.

답   3540원

오답 제로를 위한 **채점 기준표**

	세부 내용	점수
풀이 과정	① 당근 세 개의 값을 1440원이라고 한 경우	6
	② 무 1$\frac{1}{2}$개의 가격을 2100원이라고 한 경우	6
	③ 당근 3개와 무 1$\frac{1}{2}$개를 사고 내야 할 돈이 3540원이라고 한 경우	6
답	3540원이라고 쓴 경우	2
	총점	20

❹

풀이   하루는 24시간입니다. 24의 $\frac{3}{8}$은 9이므로 9시간 잠을 잡
니다. 1시간은 60분이고 60의 $\frac{4}{5}$는 48이므로 학교에서
생활하는 5$\frac{4}{5}$시간은 5시간 48분입니다. 축구를 하는 시
간은 잠을 자는 시간의 $\frac{2}{9}$이므로 9의 $\frac{2}{9}$인 2시간입니다.
따라서 학교에서 생활하는 시간은 축구를 하는 시간보
다 5시간 48분-2시간=3시간 48분 더 깁니다.

답   3시간 48분

오답 제로를 위한 **채점 기준표**

	세부 내용	점수
풀이 과정	① 잠자는 시간을 9시간이라 한 경우	6
	② 학교에서 생활하는 시간이 5시간 48분이라고 한 경우	5
	③ 축구를 하는 시간을 2시간이라 한 경우	6
	④ 학교에서 생활하는 시간이 3시간 48분 더 길다고 한 경우	6
답	3시간 48분이라고 쓴 경우	2
	총점	25

P. 72

문제   현서는 미니 핫도그 21개 중 $\frac{2}{7}$를 먹었습니다. 현서가
먹은 미니 핫도그는 몇 개인지 풀이 과정을 쓰고 답을
구하세요.

오답 제로를 위한 **채점 기준표**

	세부 내용	점수
문제	① 21, $\frac{2}{7}$, 미니 핫도그를 표현한 경우	8
	② 전체의 분수만큼 문제를 만든 경우	7
	총점	15

제시된 풀이는 **모범답안**이므로
채점 기준표를 참고하여 채점하세요.

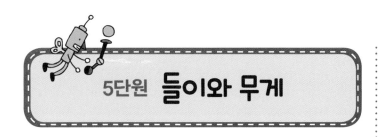

5단원 들이와 무게

핵심유형 1 — 들이 비교, 들이의 단위

STEP 1 .... P. 74

1단계 7, 6

2단계 물병, 많은

3단계 많을수록

4단계 물병, 크기 / 많을수록 / 7, 6

5단계 주전자

STEP 2 .... P. 75

1단계 8, 200

2단계 물, mL

3단계 1000

4단계 8, 1000, 8, 8, 8000, 8200

5단계 따라서 수조에 담긴 물의 양은 모두 8200 mL입니다.

STEP 3 .... P. 76

❶

풀이 많습니다, 4, 7, (다), (다)

답 (다) 컵

❷

풀이 똑같은 양을 덜어낼 때 그릇의 들이가 많을 수록 덜어낸 횟수가 적습니다. 덜어낸 횟수를 비교하면 3<5<6이므로 덜어낸 횟수가 가장 적은 것은 (다) 그릇입니다. 따라서 들이가 가장 많은 그릇은 (다) 그릇입니다.

답 (다) 그릇

핵심유형 2 — 들이의 합과 차

STEP 1 .... P. 77

1단계 2, 450, 3, 450

2단계 L, mL

3단계 더합니다

4단계 450, 3, 450 / 5, 900

5단계 5, 900

STEP 2 .... P. 78

1단계 20, $\frac{3}{5}$, 10, 300

2단계 물

3단계 20, 뺍니다

4단계 20, 12 / 10, 300 / 1, 700

5단계 따라서 반신욕을 하기 위해 더 채워야 하는 물의 양은 1 L 700 mL입니다.

P. 79

❶

풀이   3, 50 / 2, 3, 100 / 3, 50, 3 / ㉡

답   ㉡

오답 제로를 위한 **채점 기준표**

	세부 내용	점수
풀이 과정	① ㉠을 3 L 50 mL라고 한 경우	3
	② ㉡을 3 L 100 mL라고 한 경우	3
	③ ㉠과 ㉡ 중 들이가 더 많은 것이 ㉡이라고 한 경우	3
답	㉡이라고 쓴 경우	1
	총점	10

❷

풀이   ㉠ 3 L 330 mL+1 L 900mL=4 L 1230 mL=5 L 230 mL
입니다. ㉡ 6 L 600 mL-1 L 450 mL=5 L 150 mL입니다.
5 L 230 mL>5 L 150 mL이므로 ㉠과 ㉡ 중 들이가 더
적은 것은 ㉡입니다.

답   ㉡

오답 제로를 위한 **채점 기준표**

	세부 내용	점수
풀이 과정	① ㉠이 5 L 230 mL라고 한 경우	4
	② ㉡이 5 L 150 mL라고 한 경우	4
	③ ㉠과 ㉡ 중 들이가 더 적은 것이 ㉡이라고 한 경우	5
답	㉡이라고 쓴 경우	2
	총점	15

 **핵심유형 ③**   **무게 비교, 무게의 단위**

P. 80

1단계   시언, 무게

2단계   무게

3단계   무겁습니다, 무겁습니다

4단계   필통 / 필통, 틀린 / 수박 / 수박, 옳은

5단계   보라

P. 81

1단계   5, 2

2단계   3, 구슬

3단계   구슬, 3

4단계   5 / 2 / 2, 10 / 10, 30

5단계   따라서 지우개 3개의 무게는 구슬 30개의 무게와 같습
니다.

P. 82

❶

풀이   1000, 100 / 7, 700 / 700, 700, 2700 / 2700

답   2700

오답 제로를 위한 **채점 기준표**

	세부 내용	점수
풀이 과정	① 한 칸을 100 g이라고 한 경우	3
	② 화살표가 가리키는 곳을 2 kg 700 g이라고 한 경우	3
	③ □ 안에 알맞은 수를 2700이라고 한 경우	3
답	2700이라고 쓴 경우	1
	총점	10

❷

풀이   1 kg=1000 g이므로 1 kg을 똑같이 5칸으로 나눈 것 중 한
칸은 200 g입니다. 화살표가 가리키는 곳은 4 kg에서 눈
금 2칸을 더 간 곳이므로 4 kg보다 400 g 더 무거운 4 kg
400 g이고 4 kg 400 g=4400 g입니다. 따라서 □ 안에 알
맞은 수는 4400입니다.

답   4400

오답 제로를 위한 **채점 기준표**

	세부 내용	점수
풀이 과정	① 한 칸을 200 g이라고 한 경우	3
	② 화살표가 가리키는 곳을 4 kg 400 g이라고 한 경우	5
	③ □ 안에 알맞은 수를 4400이라고 한 경우	5
답	4400이라고 쓴 경우	2
	총점	15

 제시된 풀이는 **모범답안**이므로
채점 기준표를 참고하여 채점하세요.

 **핵심유형4** 무게의 합과 차

P. 83

STEP 1

1단계 2, 500 / 320

2단계 5, kg, g

3단계 더합니다

4단계 320, 1600 / 1, 600 / 2, 500, 1 / 600, 2 / 500, 1, 600, 4, 100

5단계 4, 100

P. 84

STEP 2

1단계 38, 200

2단계 진수, kg, g

3단계 가방, 뺍니다

4단계 200, 2, 500 / 35, 700

5단계 따라서 진수의 몸무게는 35 kg 700 g입니다.

P. 85

STEP 3

❶

풀이 1, 950, 1 / 950 / 1, 950, 4, 870

답 4 kg 870 g

오답 제로를 위한 **채점 기준표**

	세부 내용	점수
풀이 과정	① 5 kg 50 g-3 kg 100 g=1 kg 950 g라 한 경우	3
	② 2 kg 920 g+1 kg 950 g을 쓰고 그 값을 바르게 구한 경우	3
	③ 나오는 무게가 4 kg 870 g이라고 쓴 경우	3
답	4 kg 870 g이라고 쓴 경우	1
	총점	10

❷

풀이 4 kg 30 g-2 kg 700 g=1 kg 330 g이므로 상자에 무게를 넣으면 1 kg 330 g을 뺀 값이 나옵니다. 따라서 이 상자에 3 kg 110 g을 넣으면 나오는 무게는 3 kg 110 g-1 kg 330 g=1 kg 780 g입니다.

답 1 kg 780 g

오답 제로를 위한 **채점 기준표**

	세부 내용	점수
풀이 과정	① 4 kg 30 g-2 kg 700 g=1 kg 330 g라 한 경우	5
	② 3 kg 110 g-1 kg 330 g을 쓰고 그 값을 바르게 구한 경우	5
	③ 나오는 무게가 1 kg 780 g이라고 쓴 경우	3
답	1 kg 780 g이라고 쓴 경우	2
	총점	15

 **실력 다지기**

P. 86

❶

풀이 수정이가 마신 우유의 양에 성준이가 마신 우유의 양을 더하면 1270 mL + 2920 mL=4190 mL입니다. 1000 mL=1 L이므로 4190 mL=4 L 190 mL입니다. 따라서 두 사람이 일주일 동안 마신 우유는 모두 4 L 190 mL입니다.

답 4 L 190 mL

오답 제로를 위한 **채점 기준표**

	세부 내용	점수
풀이 과정	① 수정이와 성준이가 마신 우유의 양을 4190 mL라고 한 경우	7
	② 4190 mL를 4 L 190 mL로 나타낸 경우	7
	③ 두 사람이 일주일 동안 마신 우유가 4 L 190 mL라고 쓴 경우	4
답	4 L 190 mL라고 쓴 경우	2
	총점	20

❷

풀이 5 kg-3 kg 150 g=1 kg 850 g이므로 명준이는 바르게 설명하였습니다. 1500 g=1 kg 500 g이므로 2700 kg과 더하면 1 kg 500 g+2700 kg=2701 kg 500 g이므로 우섭이의 설명이 틀린 것입니다. 1120 g은 1 kg 120 g이므로 2 kg 100 g-1 kg 120 g=980 g이므로 형욱이는 바르게 설명하였습니다. 따라서 설명이 틀린 사람은 우섭입니다.

답 우섭

오답 제로를 위한 **채점 기준표**

	세부 내용	점수
풀이 과정	① 명준이가 옳음을 확인한 경우	6
	② 우섭이가 틀린 것을 확인한 경우	6
	③ 형욱이가 옳음을 확인한 경우	6
답	우섭이라고 쓴 경우	2
	총점	20

❸

풀이 　매실 주스 한 병의 들이는 물의 양과 매실 원액의 양을
합한 800 mL+300 mL=1100 mL입니다. 만든 매실 주스의
양 6 L 600 mL=6600 mL이고 1100 mL를 6번 더한 것과
같습니다. 따라서 만든 매실 주스는 모두 6병입니다.

답　6병

오답 제로를 위한 **채점 기준표**

	세부 내용	점수
풀이 과정	① 매실 주스 한 병에 들이는 물의 양과 매실 원액의 양의 합을 바르게 구한 경우	4
	② 6 L 600 mL를 6600 mL로 바르게 바꾼 경우	4
	③ 1100 mL를 6번 더한 값과 같다고 한 경우	6
	④ 만든 매실 주스가 6병이라고 쓴 경우	4
답	6병이라고 쓴 경우	2
총점		20

❹

풀이　3 kg=3000 g이므로 3개의 무게의 합이 3000 g을 넘지 않
는 것을 고릅니다.
(양파, 감자, 배추의 무게의 합)
=1250+550+1600=3400 (g)
(양파, 감자, 당근의 무게의 합)
=1250+550+400=2200 (g)
(양파, 배추, 당근의 무게의 합)
=1250+1600+400=3250 (g)
(감자, 배추, 당근의 무게의 합)
=550+1600+400=2550 (g)
따라서 양파, 감자, 당근을 사거나 감자, 배추, 당근을 담
는 2가지 경우가 있습니다.

답　2가지

오답 제로를 위한 **채점 기준표**

	세부 내용	점수
풀이 과정	① 양파, 감자, 배추의 무게의 합을 3400 g이라 한 경우	5
	② 양파, 감자, 당근의 무게의 합을 2200 g이라 한 경우	5
	③ 양파, 배추, 당근의 무게의 합을 3250 g이라 한 경우	5
	④ 감자, 배추, 당근의 무게의 합을 2550 g이라 한 경우	5
	⑤ 2가지 경우가 있다고 한 경우	3
답	2가지라고 쓴 경우	2
총점		25

나만의 문제 만들기　　　　　　　　　　　　　　P. 88

문제　식용유 2 L 500 mL 중에서 탕수육을 만드는 데 1 L 130 mL를
사용하였습니다. 남은 식용유는 몇 L 몇 mL인지 풀이 과정
을 쓰고, 답을 구하세요.

오답 제로를 위한 **채점 기준표**

	세부 내용	점수
문제	① 2 L 500 mL, 1 L 130 mL, 탕수육, 식용유를 표현한 경우	8
	② 들이의 뺄셈 문제를 만든 경우	7
총점		15

제시된 풀이는 **모범답안**이므로
채점 기준표를 참고하여 채점하세요.

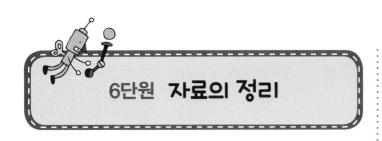

6단원 자료의 정리

핵심유형 1 표에서 알아보기, 표로 나타내기

STEP 1
P. 90

1단계 간식, 표

2단계 많은, 간식

3단계 핫도그, 큰

4단계 20, 5, 4, 3, 8 / 많은, 핫도그

~~5단계~~ 핫도그

STEP 2
P. 91

1단계 애완동물

2단계 강아지, 구피

3단계 표, 구피, 뺍니다

4단계

키우고 싶어 하는 애완동물

동물	강아지	거북	구피	고양이	합계
학생 수 (명)	7	5	6	7	25

7 / 6, 7, 6, 1

5단계 따라서 강아지를 키우고 싶어 하는 학생 수는 구피를 키우고 싶어 하는 학생 수보다 1명 더 많습니다.

STEP 3
P. 92

❶

풀이 23, 48 / 4, 48 / 48, 44, 22, 22 / 26, 26, 23, 22 / 4

답 4반

	세부 내용	점수
풀이 과정	① 2반 학생 수 : □명, 4반 학생 수를 □+4명이라 한 경우	3
	② 2반이 22명, 4반 26명이라 한 경우	3
	③ 4반의 학생 수가 가장 많다고 한 경우	3
답	4반이라고 쓴 경우	1
	총점	10

❷

풀이 볼펜과 연필 수의 합은 30-10-8=12입니다. 연필의 수를 자루라 하면 볼펜의 수는 (□+2)자루입니다. □+□+2=12이고 □+□=12-2=10이므로 □=5입니다. 볼펜은 7자루, 연필은 5자루입니다. 필기구류의 수를 비교하면 10>8>7>5입니다. 따라서 필기구류 중 가장 적은 것은 연필입니다.

답 연필

	세부 내용	점수
풀이 과정	① 연필의 수를 □자루, 볼펜의 수를 □+2자루라고 한 경우	3
	② 연필이 5자루, 볼펜이 7자루라고 한 경우	3
	③ 연필이 가장 적다고 한 경우	3
답	연필이라고 쓴 경우	1
	총점	10

핵심유형 2 그림그래프, 그림그래프로 나타내기

STEP 1
P. 93

1단계 소, 그림그래프 / 100, 10

2단계 그림그래프

3단계 달

4단계 5, 4 / 4, 9

5단계 9

STEP 2
P. 94

1단계 그림그래프 / 10, 1

2단계 많은, 책

3단계 많습니다

4단계 2, 0, 1 / 3 / 3, 2, 0 / 위인전

다른 풀이)

10, 1, 21 / 6, 17, 30 / 17, 6

5단계 따라서 가장 많은 책은 위인전입니다.

❶

풀이   100, 10, 210 / 140 / 320, 130 / 130, 80

답   80 kg

오답 제로를 위한 **채점 기준표**

	세부 내용	점수
풀이 과정	① (가)를 210 kg, (나)를 320 kg, (라)를 140 kg이라고 한 경우	3
	② (다) 마을의 생산량이 130 kg이라고 한 경우	3
	③ (가) 마을과 (다) 마을의 생산량의 차를 80 kg이라고 한 경우	3
답	80 kg이라고 쓴 경우	1
	총점	10

❷

풀이   🌳은 100그루 🌿은 10그루이므로 느티나무 130그루, 느릅나무 150그루, 마로니에 220그루를 심었습니다. 나무의 수가 모두 620그루라고 했으므로 목백합의 수는 620-130-150-220=120(그루)입니다. 나무의 수를 비교하면 220>150>130>120이므로 가장 많이 심은 나무와 가장 적게 심은 나무 수의 차는 220-120=100(그루)입니다.

답   100그루

오답 제로를 위한 **채점 기준표**

	세부 내용	점수
풀이 과정	① 느티나무를 130그루, 느릅나무를 150그루, 마로니에를 220그루를 심었다고 한 경우	5
	② 목백합의 수가 120그루라고 한 경우	5
	③ 가장 많이 심은 나무와 가장 적게 심은 나무 수의 차를 100그루라고 한 경우	3
답	100그루라고 쓴 경우	2
	총점	15

❶

풀이   그림그래프를 보고 판 과일의 수를 구하면 사과 160개, 배 140개, 감 210개이므로 (판 귤의 수)=600-160-140-210=90(개)입니다. 귤 10개를 800원에 팔았고 귤 90개는 귤 10개의 9배인 수이므로 귤 90개를 판 돈은 800×9=7200(원)입니다.

답   7200원

오답 제로를 위한 **채점 기준표**

	세부 내용	점수
풀이 과정	① 사과 160개, 배 140개, 감 210개가 있다고 한 경우	7
	② 귤의 수가 90개라고 한 경우	7
	③ 귤 90개를 판 돈이 7200원이라고 한 경우	4
답	7200원을 쓴 경우	2
	총점	20

❷

풀이

각 반별 학생 수

반	학생 수
1반	👤👤 👤👤👤👤👤
2반	👤👤 👤👤👤
3반	👤👤 👤👤👤
4반	👤👤👤👤

(4반 여학생 수)=22-10=12(명), (2반 남학생 수)=50-15-11-10=14(명), (1반 여학생 수)=46-10-13-12=11(명)이므로 (1반 학생 수)=15+11=26(명), (2반 학생 수)=14+10=24(명), (3반 학생 수)=11+13=24(명), (4반 학생 수)=10+12=22(명)입니다. 학생 수가 가장 많은 반은 26명인 1반이므로 그림그래프로 나타낼 때 👤 6개를 그려야 합니다.

답   6개

제시된 풀이는 모범답안이므로
채점 기준표를 참고하여 채점하세요.

오답 제로를 위한 채점 기준표		
	세부 내용	점수
풀이 과정	① 4반 여학생 수를 12명이라고 한 경우	3
	② 2반 남학생 수를 14명이라고 한 경우	3
	③ 1반 여학생 수를 11명이라고 한 경우	3
	④ 1반 학생 수가 26명, 2반 학생 수가 24명, 3반 학생 수가 24명, 4반 학생 수가 22명이라고 한 경우	4
	⑤ 학생 수가 가장 많은 1반에 🏃 6개를 그려야 한다고 한 경우	5
답	6개라고 쓴 경우	2
총점		20

나만의 문제 만들기

문제 정민이네 반과 연서네 반은 함께 현장 체험학습을 가기로 하고 학생들이 가고 싶어 하는 장소를 조사했습니다. 두 반이 현장 체험학습을 어디로 가면 좋을지 고르려고 합니다. 풀이 과정을 쓰고, 답을 구하세요.

오답 제로를 위한 채점 기준표		
	세부 내용	점수
문제	① 주어진 표를 이용한 경우	8
	② 체험학습 장소로 어디가 좋을지 구하는 문제를 만든 경우	7
총점		15

❸

풀이 행복 과수원의 사과 생산량은 🍎 1개, 🍏 1개, 🍎 1개이므로 160개입니다. 믿음 과수원 240개, 소망 과수원 220개, 행복 과수원 160개이므로 사랑 과수원의 생산량은 900-240-220-160=280(개)입니다.

답 280개

오답 제로를 위한 채점 기준표		
	세부 내용	점수
풀이 과정	① 행복 과수원의 사과 생산량을 160개라고 한 경우	6
	② 믿음 과수원 240개, 소망 과수원 220개라 한 경우	6
	③ 사랑 과수원의 사과 생산량을 280개라고 한 경우	6
답	280개라고 쓴 경우	2
총점		20

❹

풀이 (가) 공장 생산량은 큰 그림 2개, 중간 그림 1개, 작은 그림 2개이므로 270개이고, (라) 공장의 생산량은 큰 그림 1개, 작은 그림 1개이므로 110개입니다. 네 공장의 총 생산량은 270+260+150+110=790(개)입니다. 790개를 8개씩 포장하면 790÷8=98…6이므로 하루에 팔 수 있는 칫솔은 790-6=784(개)입니다.

답 784개

오답 제로를 위한 채점 기준표		
	세부 내용	점수
풀이 과정	① (가) 공장 생산량이 270개, (라) 공장 생산량이 110개라고 한 경우	4
	② 네 공장의 총 생산량을 790개라고 한 경우	4
	③ 790÷8을 쓰고 그 몫과 나머지를 바르게 구한 경우	4
	④ 하루에 칫솔을 784개 팔 수 있다고 쓴 경우	6
답	784개라고 쓴 경우	2
총점		20